被災地福島の今を訪れて

見て、聞いて、考えて、伝える

神戸女学院大学石川康宏ゼミナール／編

日本機関紙出版センター

はじめに

こんにちは。神戸女学院大学の石川康宏です。この本を手にとって下さり、ありがとうございます。

私のゼミは、２０１３年から毎年、福島の原発被災地を訪れています。この本は２０１６年９月に行ったゼミ訪問旅行の記録です。３泊４日の短い時間ですが、それでもたくさんのみなさんのお話をうかがい、たくさんの場所を見せていただきました。ページ数の制約のため、すべてのお話を収めることはできませんでしたが、そこは座談会で補うようにしてみました。

２０１１年３月の原発事故から、６年以上がたちました。オギャーと生まれた赤ん坊が、小学校に入学するまでの時間です。当然、被災地にも大きな変化があり、苦労がつづくところもあれば、状況が改善されたところもあります。私たちが学んだそうした実情の一端を、みなさんにもお伝えできれば幸いです。

この年の旅行に参加し、本づくりにあたった学生は、疋田愛実（ひきたまなみ）、川上真奈（かわかみまな）、小南奈央（こみなみなお）、小才度きらら（こさいどきらら）、森本結衣（もりもとゆい）、仲里彩（なかりさ）、岡田さくら（おかださくら）、村上あつこ（むらかみあつこ）の８名です。充実した旅行スケジュールを組んでくれた（株）たびせん・つなぐの前田和則さんに感謝します。そして、お世話になった福島のすべてのみなさんに、心からの感謝をお届けします。ありがとうございました。

福島MAP
DANGER
相馬
福島市
飯舘市
南相馬
浪江
双葉
大熊
川内村
富岡
楢葉
広野
石川郡
いわき市
石川康宏ゼミ

もくじ　被災地福島の今を訪れて

Day2 9月6日（火） 53

Day3　9月7日（水）　139

9月8日・第4日目／もっと実情に見合った支援を／「おいしい」の言葉を喜んでもらって／被災者を外から型にはめないで

いろんな実感、いろんな気づき——座談会のまとめにかえて

201

9月5日（月）

朝8時15分、大阪（伊丹）空港を発つ。9時半には福島空港に到着し、貸切りバスで（運転は4日間、小川正介（おがわしょうすけ）さんにお世話になりました）、いわき市へ。菅家新（かんけあらた）さん（原発事故の完全賠償をさせる会・事務局長）にご案内いただき、国道6号線を北上。途中、原発事故対策の拠点となっているＪヴィレッジに寄り、12時半には楢葉町の宝鏡寺に到着。昼食の後、2時まで住職の早川篤雄（はやかわあつお）さん（原発事故被災者訴訟原告団長）のお話。その後、富岡町も見学しながら、いわき市へもどる。4時すぎ、常磐線いわき駅近くのけやき共同作業所に到着。伊東達也（いとうたつや）さんのお話（14ページ）をうかがう。6時半、常磐線湯本駅近くの旅館・古滝屋に到着。食事をとって8時半に日程終了。

原発事故から5年5カ月——福島の現状と課題

伊東達也（原発問題住民運動全国連絡センター筆頭代表委員）

みなさんの先輩が書いた本も読み直させていただいて、各地に呼ばれたときはそれをよく紹介していました。初めて会いますが、昔から知り合いみたいな感じがして、楽しみにしていました。今日見た・聞いたことはぜひ周りの人に自分の意見と共にお話ししていただきたいです。私はこの施設の隣に住んでいるのですが、3月11日に大事故、12日早朝、楢葉町でもみんな逃げなければならないと判断して、指令を出すわけです。

私は当時、医療生協の理事長をしていました。病院にたくさんの人が集まってきたし、死者もいて、けがをした人がたくさんいました。その処理の打ち合わせなどでくたくたに疲れて、やっと家に帰って一服しているところに、ドーンとドアを蹴飛ばすようにして入ってきたのが早川篤雄さんでした。お坊さんの僧衣のまま、片手に魔法瓶と座布団を持っていました。一言かけようとしたら「伊東さん！　とうとうやっちゃった！」と早川さんのほうが先に切り出しました。

その日のうちに話を聞いたら、12人の身寄りのない障害者を連れて大きな体育館に寝泊まりさせると聞いて、とんでもないことになったと思いました。

お話して下さる伊東達也さん

今日お話しするのは、私どもがこの事故を想定していたということにも触れます。しかし、まさかこんなに大事故になるとは思いませんでした。

福島の惨状

お配りした資料にそってお話しします。まず事故発生から5年たった福島の惨状についてです。事故発生から6年目を迎えて、発生直後からは想像できないことが起きているということを述べたいと思います。

まず4町が人口ゼロになったということが、去年の10月1日、原発事故後初めての国勢調査で、3カ月以上住んでいる人を調査することで分かったことです。私は事実上6町村といっています。１９２０年、大正9年から始まって今年で20回目です。国勢調査の歴史上で県内複数の町村の人口がゼロという状態が5年も続いたことはありませんでした。

二つ目は、5年間たっても死者が相次いでいます。これは震災関連死と言われます。福島県は直接死が１６０４人、簡単にいえば津波で亡くなった人のことです。東日本大震災では、農業ダムが決壊して、６人の子どもが圧死しました。厳密にいえば６人が圧死、その他が津波による溺死です。それを４００人以上も上回ります。お渡ししたレジュメには7月20日現在と書いてありますが、９月４日現在では２０７９人となっています。なぜ昨日の死者が分かるのかというと「福島民報」が毎日これを書いているからです。１千数百日も続いています。異常中の異常です。なぜこのように死者が相次ぐことになっているのかというと、９万人近くの避難者が過酷な避難生活を送っているからです。避難などが原因で亡くなったということを公的な機関が認定しています。「震災関連死」という言葉は、阪神淡路大震災がきっかけで広く国民に知られるようになりました。

福島県民は廃炉を見届けられない

三つ目は廃炉完了についてです。東京電力（以下、東電）と国が国民に発表したのが更地にするというやり方です。チェルノブイリとは違います。チェルノブイリは移住計画を立て、30キロ圏内には、長い間人は住まないとして、原発を覆う石棺を作りました。当分はデブリという溶けた燃料を取り出さないということです。しかし、日本ではデブリを取り出して、更地にするという計画です。それは30～40年間かかるとしています。現在60歳以上の福島県民は廃炉完了を見届けて死ぬことはできないのです。このようになるであろうと、私は事故直後からわかりました。何故かというとチェルノブイリに2回、またスリーマイル島にも行ったことがあって、惨状を見ていたからです。他の住民はそんなことになるとは想像もつかなかったでしょう。

放射性廃棄物は持っていく場所がない

原発事故によって出た放射性廃棄物が風に乗って至る所に運ばれました。その結果、福島の至る所でまだら状に線量が高かったり低かったりすることになりました。今は仮置き場が１０７０カ所確認されています。これは公的機関が発表しているものです。これ以外に14万カ所以上という現場保管があります。「あなたの家は毎時０・23マイクロシーベルト以上の線量が出てきたから除染しますよ。でも除染した土は持っていくところがないからあなたの庭に置いておきます」ということです。このあたりの小・中学校なども除染しました。でも持っていくところがないから校庭などに穴を掘って埋めたりしました。

そういう事態ですが、これをどこにどう運ぶかというのが大問題になっています。政府は第一原発を囲む、双葉町と大熊町をまたがるように「中間貯蔵施設」を作りましょうと発表しています。これもまた問題です。なぜ「中間貯蔵」なのかというと、法律で30年以内に県外に持ち出すと書いてあるからです。「朝日新聞」と福島放送は合同県民調査をやっているのですが、それを去年実施したところ、79％の県民がどこかに持っていくなんて本当なのか、30年後どこかに持っていくなんて信じられないと答えています。

東電が福島県に進出したのは１００年以上も前です。その東電で作られた電気を１００年間福島県民は１キロワットも使っていません。ここは東北電力の配電地域なので、東電が福島で作った電気は一切使ったことがないのです。みんな関東に持っていって使っていました。

だから、もしアンケートの1項目に「できれば電気を使ってきた関東地方のほうで除染物を集めてください」というのがあれば、福島県民の大多数の人がそれに◯をすると思います。でも現

被災地のあちこちに積まれたフレコンバッグ

実にはそういうことじゃないというのが分かってしまいました。

実際に津波によって生じたガレキを処分しようとなったとき、宮城県や岩手県のガレキは全国で引き受けました。日本国中で一生懸命連帯してくれました。ところが福島のガレキは、放射線物質が付いているからと言って、焼却場ばかりでなく京都の大文字山でも燃やすのは嫌だとなりました。これで福島県民は「ああ、これは絶望だ、どこも引き受けてくれない」と思ったのです。国が永久貯蔵施設と書けば、火に油を注ぐようなものですね。だから「中間」として、必ず外に運びますと言っていますが、福島県民はそれは嘘だと気づいています。

ここに、原発問題のまともな議論ができない難しい問題が入ってきています。議論をしようと言っても県民が「これは信じられません」というように政府を追及すれば、政府は「それは嘘ではありません、必ず運びます」と言うのですからすれ違いです。本当のことが出ない仕組みがここに隠されているのです。

　ある日、関西から来た報道関係の人で、私の家に来てこう言った人がいました。「伊東さん、福島県民って本当に我慢強い、ズバリ言えばおとなしい。私の住む県なら暴動が起こりますよ。どうして福島県民はこんなこと引き受けるんですか」と。私は絶句しました。どう言えば理解してもらえるかなあと。

　その時はうまく言えませんでしたが、今は言えます。押し付けられた双葉町と大熊町の住民は、今は47都道府県にバラバラに住んでいて町には誰も住んでいない。町長さんも議員もみんなバラバラになっている。そういうところで責められるわけですね。最初にやっぱり町長さんが責められると思います。会津は１００キロ離れたところでそこでも除染しました。放射性廃棄物は1日も早く運んでくれと願っています。だから、原発があるところに置くしかないと。こういう言い方をされるわけです。議員もそういうふうに言われ続けた。だから受け入れたくないのですが、民主主義がもううまく働きません。結局、何を言ってもどこも受けてもらえないので自分たちで解決するしかなくなったのです。私は、福島県民がおとなしくて、意見を言わない県民ではないということだけは言いたいです。多くの県民は事故当時はこんなことが起こるとは考えられませんでした。

帰還宣言が出ても戻れない住民

　五つ目は、帰還宣言しても住民は戻れないということについてです。今日の新聞発表では、９月５日、避難命令が出て最初に全町民の帰還宣言を出したのが楢葉町ですが、ちょうど今日で1年です。それで戻ってきている人は9％です。昨日の役場の発表です。特に若い世代はほとんど戻っていません。詳しくいうと、楢葉町は事故前7300人の町民がいました。そのうち戻った人は、9・3％の681人です。ところが、小学生と中学生は683人いたのですが、戻りたいというのが80人、もしこの人たちが戻ったとしても11・8％です。来年開校するのですが3・11以前に戻るのは絶望的です。来年の3月31日をもって政府はほぼすべての町村で除染したところは帰還宣言を出します。しかし、その陰には戻りたいという人が戻れないという事実があるということも頭に入れておいてください。避難指示が出た地域には、県立高校が8校ありました。そのうちの5校は来年の3月31日から休校になります。片や帰還宣言を出す、片や高等学校が休校に入るのです。

汚染が一番ひどい帰還困難区域

六つ目は、帰還困難区域についてですが、この区域は一番汚染がひどいところです。ここは5年間人が住めないとされていたところですが、5年間何も対策をしないとは言っていませんでした。しかし5年たってみて、何も決まっていませんでした。帰還困難地域の一つ、浪江町の津島という地域に住んでいた人々は裁判で闘っています。「今声を挙げなければ死に絶えてしまう、黙っていれば津島は『廃村』にされ、自分たちは『棄民』にされてしまう」。このように訴状に書いて訴えています。住民は裁判に立ち上がらざるを得ない。こういう非常に難しい問題も生まれています。こういうことも事故直後の多くの県民には考えられませんでした。

甲状腺の問題をどうするか

七つ目の問題は微妙な問題となっています。子どもの甲状腺を検査する県の調査検討委員会による、２０１６年６月６日の最新の結果報告では、甲状腺がんと判定されたのが１６１人、疑いが42人です。これは事故当時18歳未満の子ども37万人を検査したものです。２巡目からは、３・11後に生まれた人を含め38万人を検査しました。この原因をめぐって、原発事故に原因があるという意見とそうでないという意見が出ています。

チェルノブイリ原発事故では０～５歳児に60％が集中しました。私が最初にチェルノブイリに行ったときは事故から８年後でした。ちょうどそのとき、甲状腺がんになった子どもの数が増えていた時期でした。私たちが中学校を訪問したとき、足りないものが山ほどあると聞いていたので、鉛筆や消しゴムなども持っていきました。

それはともかく、チェルノブイリと今回の事故には違いがあるという意見は、事故当時０～５歳児だった子どもが甲状腺がんになったケースは福島県では、２巡目の調査で5歳児が１人発見されただけだということです。福島では13～18歳の子どもに多く発生しています。この結果は何だということになりました。

チェルノブイリでは甲状腺に放射性ヨウ素がたまったため発生しました。ヨウ素は成長を促進する働きをするので子どもにはなくてはならないものです。チェルノブイリ事故では巻き散らされた放射性ヨウ素を直接取り入れてしまったことや、牧草に付き、それを牛が食べて牛乳に入り、そんなこともあって乳幼児に多くの甲状腺がんが発生したと言われています。ところが福島では5歳児が1人。そんなことなどから専門家の意見は真っ二つに分かれてしまいました。

あの事故直後は事故の内容や放射能をめぐって、政府寄りの人や原子力村の学者の見解をそれとは知らずに鵜呑みにせざるを得なかったと思います。だから今回の事故で嘘をつかれたという意識が強くなったと思います。また、安全神話を巻き散らしてきた政治家への不信も強まりました。しかし、この甲状腺がんについては、政府側の学者だからではなく、県民を一生懸命支えてくれる学者であっても意見が分かれています。

私はレジュメでも「引き続く今後の調査研究は必須であり、大切なのは原因論争だけに終わらせず、子どもたちの継続的な健康診断、検査と医療体制の充実と確立にあると考えている」と述べていますが、この立場で国民、県民は一致できないでしょうかと提起しています。

福島県民の間の対立

それというのも、福島県民は少なくとも二つのことで分断と対立を体験してきました。避難するかしないか。これは主に夫婦の中で起きました。特に幼い子どもを抱えている家族は。簡単にいえば「ここで仕事を失ったらどうして暮らしていくのか。福島を離れたら、もう後は帰ってくるなって言われる、帰りづらくなる」と考えている人がいます。お母さんにしてみたら「子どものことを考えるなら、逃げるしかない、子どもの命は守りたい」と。こうしたことで夫婦の間にも違いが出ます。

私が理事長をしていた医療生協の職場も苦しみました。赤ちゃんを抱えた看護師さんは子どもと避難するから明日から来られませんと言ってきました。私は卑怯にも、私のところに判断を求めてくれるな、最高責任者として「どうぞ避難してください」と言いたいけれど、もしそれを言ったら次の日「理事長が避難していいと言ったから」と、中学生の子どもを抱えている看護師だって私も避難したいと言ったら、子どもの年齢が違うから駄目だとは言えない。でもそんなふうにみんな避難してしまうとなったら誰が一体患者を守れるのか。経営に携わっている人は、看護師さんにとって代われないです。若い職員の皆さんにしてみれば、夫との、職場との間でいろいろな葛藤があったと思います。こうした問題を乗り越えることができたのは、協力、共同、共助の組織である医療生協だからのことと思っています。

次に出てきたのは、食材の問題です。福島県産の食品を食べるかどうかです。これも激しい対立がありました。特に子どもを持つ若い親世代と祖父母の世代との対立です。おじいさんやおばあさんからしてみれば、福島の農民だって、何も売れなくて苦しんでいるんだから、これは安全だってちゃんと線量も測っているから食べてもいいじゃないかとなります。でも、若い親にしてみれば、子どもを最優先に考えて福島県産は食べないように配慮する人が多かったのも事実です。

その結果、夫婦仲が悪くなってしまった夫婦は離婚、そして亀裂が入ってしまう親子。こういうケースもありました。結局、人格まで傷つけてしまうほど争ったりすることも出てきました。

原発事故がもたらす長く続く影響

こうした点で甲状腺がん問題は深刻だと思います。一番に結婚ですね。日本には広島と長崎の被爆があります。地獄の苦しみを味わったのは、被爆者が忌み嫌われたからです。あなたに触れば放射能が移るとか、子どもを産んだら障害が残るとか。少なからぬ被爆女性は結婚できませんでした。女性に限らず男性でも同じことが言われました。それを福島県の青年は、うすうす感じざるを得ないです。それは親も心配します。結婚適齢期になって、相手を連れてきますよね。好きになった人が、３・11当時福島県民だということを自分は克服できても、相手の親は福島の人と結婚するの？　ガンになったらどうするの？と言われると、悩みは深いでしょう。手術を受けた人は、家族あげて誰にも言えない悩み、苦しみを持っている。

　だから甲状腺がんの原因論争で、放射能のせいだとか違うとかいう争いはやめましょうと先に言いました。相手を負かそうと「勉強もしていないで何を言っているんだ」とか、あるいは「あなたは鈍感だからそんなことが言えるんだ」とか。鈍感だと言われた人は、あなたが「敏感すぎるのだ」と言い、争いになりがちです。これではいくら言い合ったってどうにもならないです。最後に頼るのは自分の直感や感覚になりがちです。感覚は人それぞれ生まれ育った環境などで違うはずです。

　大切なのはその子どもが大人になったとき、どこに住んでいるかわからないという行政は絶対に許せません。どこの大学に行こうが、どこの会社に就職しようが、手術をした人が検査を受けたいと言ったら、必ず最良の医療行為を与える。メンタル専門の医者もいつでも用意しておく。それが「継続的な健康診断、検査と医療体制の充実と確立」であり、ここで国民団結しませんかということです。子どもたちが青年になっても生涯、国と県は見守ってあげよう、国民も応援しようと一致できませんか、ということをみなさんに力を込めて言いたいです。３・11の時に子どもだったから結婚はやめたほうが良いと言っている人がいたら、説得してください。それは偏見ですと言って下さい。人権侵害になってしまうよと言ってください。

持ち込まれた分断と対立の問題と課題

原発事故によって地域社会を距離で分断され、放射線量で分断され、それらに基づいた賠償で分断されました。それは県内最多の24万人が避難しているいわき市で、被災者仮設住宅敷地内での自家用車破損事件、仮設住宅への花火打ち上げ事件などが起こることにつながりました。本当に悲しい事件です。いわき市役所では大きな柱に「被災者帰れ」と書かれました。４カ所に書かれ、字体もすべて同じでした。落書きがあったのは、公民館や市役所などの公的な機関だけでした。これは子どもの発想ではないと思います。物事が分かる人の中にも、悪いのはあなたたちだと、逃げてきて迷惑をかけているのだという感覚になっている人がいるのです。こういう事件が峠を越したと思ったら、また違う事件が出てきました。新築の家の壁に落書きされた事件です。新しいから土止めの壁も真っ白で、そこに「賠償御殿、やりすぎ、仲よくしない」と書かれました。この発想も物事の分かっている大人のものです。

また病院を例に出しますが、私たちの病院は医療生協ですから、みんなでお金を出して作りました。儲ける人はいません。30人の理事がいます。この人たちは月１万円の報酬です。それで全責任を持つのです。私から見たら、その理事さんたちは毎月会議があって、月１万では交通費にもならない人もいるのですが、人間やっぱり不思議です。１万しかもらえないのに、毎月30人の理事はやっぱり出てきます。みんなで資金を出して作るのですが、医療生協というのはそういうふうに成り立っています。儲けるオーナーがいないのです。すべてそれは患者に還元しようと運営しています。

医療生協で何が悩みだったかというと、待ち時間です。事故前から待ち時間を短くしてほしいと意見があったのですが、どうしても解決できないでいました。事故後には2万4千人の避難者がいわき市に住むようになりました。ということは今までより待つ時間がもっと長くなりました。いわき市民から見れば、決して快くないでしょう。今までよりさらにもっと長く待たされるんですから。そんな時にある方が「理事長知ってますか？　避難者はすってんてんになりましたから、医療費の自己負担はゼロになりました。目の前でおばあちゃんが1銭も払わないで出て行くところに後ろで待たされてイライラしたいわきのおじいちゃんがいたら、おじいちゃんはいくらか自己負担分を払わなければなりません。おじいちゃんは気分よくないに決まってますよね。そういうことでいがみ合うことが起こらないかとてもハラハラしています」という話をされました。

避難している人たちは「高級品を買いあさっている」「いわき市民の税金で養われている」というような噂もいっぱい出ました。本来みんなは力を合わせて、困難を乗り越え、被害をもたらした東電や政府などに解決を求めるのは当たりまえのことですが、被害者同士が対立し、不満・不安・怒りからくるうっぷんを被害者に向けられているのではないかと思います。県民の連帯を阻むものを乗り越えられる共同、連帯、共助の一層の前進が求められていると思います。

また避難者は、ごみの出し方をだれからも教えてもらいません。避難してきたので教えてくださいと聞けるのは隣近所しかしません。ごみの出し方も知らないのかという態度を取ったら、避難してきた人はひどい仕打ちを受けたと思います。本当は仲良くしなければならないのに、でもギスギスしています。

私は、人間はそもそも手をつないで生きるものなのだという精神を持つ団体がいっぱい増えてもらうことが必要だと思います。政府が言ってもだめです。福島県民はさんざん嘘をつかれたという思いがありますから。上からモノを言われて、仲良くしましょうという感情は育たないのです。われわれ庶民同士が、苦しんでいる人がいたら手を差し伸べるというのは当たり前なのです。だからＮＰＯがいっぱい増えてくれればいいと思います。協同組合とか、町にある信用金庫というのもみんな協同組合です。みんながお金を出し合って作ったものです。みなさんの町にもそういうものがあったら、そこの歴史を書いたリーフレットなんかありますから、もらって読んでみてください。この町の誰それさんが、自分たちの町民がみんなで守るためにお金を出し合って生まれたのがこの信用金庫の発祥だなんて書いていますす。こういうのはやっぱりメガバンクとは違います。農協も漁協もそうです。みなさんの学校でも私は必要だと思います。私１人だけが生き延びればいいという考えでは、やはりどこかでお互いに苦しむ問題を生み出さざるを得ないです。

政府の原子力安全に対する姿勢

次はこんなにとんでもない事故を起こしたのは、実は住民運動から見ると想定されていたということです。１９９２年に政府の原子力安全委員会が出しました資料に「平成4年5月28日付　原子力委員会　決定文」、題が「発電用軽水炉原子炉施設におけるシビアアクシデント対策としてのシビアアクシデントマネジメント」というものがあります。シビアアクシデントというのは今回の事故です。過酷事故のことです。世界で最初に起こったのはアメリカの１９７９年のスリーマイル島原発事故です。二度目が１９８６年のチェルノブイリ原発、三度目が福島第一原発。日本はこの過酷事故でどういう結論に達したかという重要な文章です。

「1、わが国の原子炉施設の安全性は、現行の安全規制の基に、設計建設運転の各段階において、①異常の発生防止、②異常の拡大防止の事故への発展防止、③放射性物質の異常な放出の防止といういわゆる多重防護の思想に基づき、厳格な安全対策を行うことによって十分確保されている。これらの諸対策によって、シビアアクシデント過酷事故は、工学的には現実に起こるとは考えられないほど、発生の可能性は十分小さいものとなっており、原子炉施設のリスクは十分低いと判断される」

つまり分かりやすく言えば、日本では多重防護対策を講じたから、過酷事故は起こりえないとしたのです。これは世界と正反対です。スリーマイル島、チェルノブイリの事故を経てアメリカやヨーロッパは、事故は起こるという前提に立ち、どう被害を少なくするかという方向に向かいました。だが日本では、事故は起こらないという結論に達してしまいました。これが日本特有の安全神話となったのです。

原発反対の住民運動

こういったことを私たち、住民運動に取り組んでいた者はとても信用できませんでした。実際に、東電と交渉したり政府と交渉したりすると、いつ起こってもおかしくない事態が日本ではあると気づいていました。特に私どもが危惧していたのは、日本は地震国だということです。世界の原発はひとまず、地震の発生する国にもあるけれど、ほとんど起こらない地域に造ってあることが多いのです。私どもは、日本では原発が安全なわけがないと思っていました。こういう立場で物事を見ていました。

原発問題住民運動全国連絡センターというのがあるのですが、その機関紙に「２００５年５月25日、原発の安全性を求める福島県連絡会の早川篤雄代表、伊東達也全国連絡センター代表が、５月10日、東京電力の福島第二原発を訪れ、次の申し入れを行いました」という記事があります。〝チリ津波級の引き潮と高潮に耐えられない。東電福島原発の抜本的対策を申し入れます〟と書いています。「引き潮の時に大きく潮が引くと水が汲めなくなる」「高潮が来ると第一原発も第二原発も、海水ポンプが水没してメになる」。これはとんでもない事態だと言って、私たちは抜本対策を求めました。

１９６０年、チリ津波が起きています。地球の裏側で巨大な地震が起きました。その波が24時間後、高波となって日本へ到達しました。これは当時の多くの日本人が知っている巨大津波でした。重要なことは、当時まだ日本には原発がなかったことです。そのような津波が日本にきたらどうなるか。２００２年に日本の土木学会が調査しまとめた本の中に、福島原発の第一と第二だけが津波で海水ポンプが水を汲めなくなったり水没したりすると書いてありました。

これを私たちが発見して、１年にわたって問いただしました。そしてこの申し入れをしました。ところが東電は「危ない原発は20チセン嵩上げしました。海水が汲めなくなれば、巨大なプールがあるので大丈夫です。海水ポンプを入れる建屋は水密性があるように作ってあり、海水をかぶってもポンプは守れます」と断言しました。でもそれが今回全部やられました。どんなに鉄板を厚くしても、コンクリートを厚くしても、人間のやることはどこかに弱点があります。第二原発はあと2時間遅かったらだめでした。外部電源が1系統だけ生きていました。第一は全滅でした。そういう差がありました。私たちは危ないと言ったのに、東電と国は「過酷事故はあり得ない、大丈夫だ」と言いました。

そうこうしているうちに２００６年の中越沖地震で、柏崎刈羽原発が世界で最初に地震によってやられた原発になりました。すぐに見に行きました。巨大な建物の横に1メートルの段差がありました。これはダメだと二度目の問題提起をしました。この時は東電の東京本社に行きました。第一、第二原発がだめになるのが間違いないから、10基全部総点検してくれと言いました。社長に必ず届けてくれというと「しかと重く受け止めました」と言っていました。

ところが福島原発事故が起きてから、副社長が福島に来た時に、私たちが「この文書見たことありますよね、副社長なんだから」と示したところ「今初めて見ました」と言いました。必ず社長まであげてくれといったのに届いていませんでした。私たちはひどく怒りました。どんな大企業の副社長であろうが絶対許せないと攻め立てたら、涙を流しながら謝りましたが、本当にがっかりしました。

さらに、２０１０年11月22日、３・11の5カ月前に出した申し入れ書を見てください。相手は、電気事業連合会会長の清水正孝氏で、３・11の時の東電社長です。そして原子力委員長の近藤駿介氏、この人は総理大臣から言われて4号機が爆発したらどうなるかというレポートを書いた人です。その内容は、東日本全滅で東京もみんな避難するしかないという内容でした。斑目春樹原子力安全委員会委員長は、事故後すぐにテレビに登場して「事故は大きくはならな

福島第二原発につながる橋

い。放射線は出ているけど健康には今すぐには影響しない」と発表しました。でも結局避難することになりました。この人は後から「福島県の除染をするときに、線量は年間1ミリシーベルトにする」と、いいことを言いました。私が信頼する安斎育郎さんという放射線防護学者に「なんであの政府のトップだった斑目教授が態度を変えたのでしょうか」と聞くと、本当か冗談かわかりませんが「伊東さん、斑目さんに孫がいるはずだ。孫のことを考えたから言ったんじゃないか」と話していました。私も本当のことはわかりませんが、ひょっとしたらそうなのかもしれないなという気にもなりました。

次に、寺坂信昭原子力安全保安委員長。この人は3・11の時はとうとう記者会見に出てこなかった人です。私たち原発問題住民運動全国連絡センターが以上の人たちに申し入れをした文書にはこう書いています。

「1．活動期に入った大地震について、①迫りくる大地震に対する日本の原発への国民の不安についてみなさんは共有されますか。②原発等の大地震の備えはどうなっていますか。それで大丈夫ですか。③万全な耐震対策緊急の確立を求めます。２．過酷事故、シビアアクシデントマネジメントについて、国の公的規制の対象にすることを要求します」。そして④は、先ほどのような安全神話を直ちにやめてくれと書いています。

まず最初の質問です。「大地震に対する日本の原発への国民の不安ついて、みなさんは共有されますか。②のこの点の認識を共有されますか」と。すなわち、当時私ども住民運動をしているものが何を言っても、国も電力会社もこれを聞き入れませんでした。ならば「事故を起こせばみなさんだって困るんではないですか」と、私たちは攻め方を考えました。国の偉い人だって、東電の社長だって困るはずです。「危険だということだけでもお互い理解し合いませんか」と申し入れました。今考えれば非常にへりくだった申し入れですね。そういう心情になっていたのかもしれません。いくら言っても聞いてもらえない。ところが、こう言えばそれもそうだなという返事をもらえると思っていました。しかし、回答は全然違いました。

「そういうことは強要されては困る。日本では過酷事故は起こりえない。それほど力を入れて、対策を取っているんです。それなのに事故が起こったらどうするのかなどと強要される問題ではありません」という回答で、がっかりするわけです。ここまで言っても聞いてもらえないと。だからこういう気持ちがあったから、３・11事故が起こった時に早川さんも私も、とうとうやっちゃった！という思いでした。悔しくて悔しくてしょうがないのです。

ＪＣＪ（日本ジャーナリスト会議）から、２０１１年６月に全国連絡センターの代表として私に、福島県連を代表して早川さんに表彰状を授与しますので東京に出てきてくださいと言われましたが、心は晴れませんでした。事故が起こってしまったからです。何かを褒められても私としては納得できない。私は全国センターの事務局長さんに率直に「あんまり表彰状もらいたくないんです」と言うと「それはあなたの気持ちわかりますが、住民運動がやってきたのは事実なんですよ。それをせっかく見抜いてくれているのに、それをもらわないのは良くないんじゃないですか」と言われました。結局表彰式にはいきましたが、切ない気持ちでした。

今私がこういうことをみなさんに声を大にして言っているのは、このような運動を続けていかないとだめだということを言いたいからです。安倍政権は完全に原発推進になってしまいました。国民の多数が反対しても、再稼働を進めると言っています。全国連絡センターは3・11以前に「原発事故、次は日本」というパンフレットを作りましたが、残念ながら「次も日本」になる可能性は非常に大きいです。この地震国でこれから40年も50年も原発を動かしてはいけないという思いで、みなさんに私たちの思いを伝えています。二度とこのような事故は繰り返してはいけないと。

安全神話の教育

今の日本では、安全神話がまた復活する可能性は高いです。中学生の作文ですが資料の上に「アトム福島」と書いてあります。福島県は原発があるのでたくさんお金をもらいましたから、こうした機関紙を原発立地町の全世帯に無料で配布していました。福島県では中学生には「原子力の日」という作文コンテストというのがあります。上位3人の作文全文をこの機関紙で発表しました。

富岡第二中学校2年生の作文です。「原子力発電と聞いて思い浮かぶのは、危険という言葉でした。原子力について全く知識がなかったころのことです」という書き出しで始まります。「しかし先日、中学校で安全教室として原子力発電について話を聞きました。それで私は原子力についての考えは誤解だったことを知りました。その時は、原子力発電所での安全対策と万が一事故が起こってしまったとき、どうすればよいのかを教えてもらえました。とても勉強になりました」。そして最後に「原子力発電所は富岡町の誇りです。原子力発電所のある町の住民として、原子力について正しい知識を身に着け、原子力発電は危険だという固定観念を捨てることが大切だと思います」と書いています。

この生徒は、最初は原子力発電は危険だと思っていたのに、学校の授業で話を聞いたらそれは間違いだった。この最後の言葉は富岡のお父さんお母さんへ「原子力発電は危険だというのは固定観念です、もっと正しく勉強してください」と少女はこれが真実だと胸を張って作文にしたのでしょう。この少女は今どこにいるのか知りません。書いたのを覚えていたらものすごく悔やんでいると思います。どうしてあんな作文書いたのだろうと。

学校教育というのは、そういう点では恐ろしい一面があります。自分で考えないとだめなのだという一面を教えているのだと私は思います。分からなかったら自分で聞く、自分で調べる。大切なことは自分で身につけていかなければならないと思います。

実際、3・11以前にある大学の外部講師としてこの作文を紹介したことがあります。その時は疑問を書く人があまりいませんでした。逆に理工系の4年生は「講師の先生の熱の入った話を聞かせてもらいましたが、講師先生は日本は世界一の技術国だということに、疑念があるんでしょうか?」という感想がありました。私は原発がいたるところで事故を起こしているという事実を述べました。すると学生は、私が日本の技術が一番高いのを知らないから言っているのか、あるいは何かそこに疑問を挟むのかと考えたようです。それで私は、原発は「いろは」の「い」から議論をしていかないと理解はしてもらえないと思いました。

３・11後も同じ大学で話す機会がありました。ほぼ１００％でした。そこでこの作文をまた紹介すると学生たちはこれに対する怒りの声をあげました。「どうして学校の先生はこんな嘘を生徒に教えたのか。私も同じようなことを教えられた」などです。

「福島民報」という福島県民に一番多く読まれている新聞があります。３・11後、毎年４回ずつ県民世論調査をおこなっています。参議院選挙の途中で7月3日と4日にアンケートを取りました。福島第一原発と第二原発も廃炉にすべきだというのは81・6%という結果に私は驚きました。圧倒的多数でした。18歳と19歳の新選挙権を持った人にも聞いたところ、１００%原発ゼロにしろという意見でした。明らかに福島県民はこの事故で変わりました。どの政党を選ぶとかは関係ありません。でも、こんな事故はもう二度と起こさないでくれ、福島県から原発をなくしてくれという意見に青年たちは変わったのだと思います。それほど今回の事故が福島に住んでいる人にとっては、深刻で大きな問題提起になっているのは間違いありません。

さらなる事故が起きる可能性を忘れない

最後になりましたが、４号機の奇跡というものがあります。1、3、4号機は爆発しました。４号機は定期点検のため原子炉の燃料棒を全部抜いて、隣にあるプールに集めていまし

富岡町のかつてのエネルギー館（原発をPRする施設）

た。約１５００本もの燃料棒が１カ所に集められていたのですが、その水がなくなれば溶融していたわけです。もしそのようになってしまえば、どうなるんだというのが当時の政権内で問題になったそうです。内閣官房は、もしそうなってしまったときには菅首相が国民に呼びかけるようになるのではないかと考え、その文書の作成依頼を受けたのが平田オリザさんという劇作家です。その文書の最後にこのような文章がありました。

「ここに至っては、政府の力だけ、自治体の力だけでは皆さんの生活をお守りすることができません。西日本に向かう列車の中に妊娠中、乳幼児を連れた方を優先して乗車させていただきたい。どうか国民一人ひとりが冷静に行動し、いたわり合い、支え合う精神でどうかこの難局をともに乗り切っていただきたい」。

これは見ようによれば、万策尽き果てた、政府も自治体も無力ですという表明です。「西日本に向かう列車の中に妊娠中、乳幼児を優先させて乗車させていただきたい」というのは「自分だけが生きればいい」という考えは取らないでくれということでしょう。頼まれた平田さんはこの世の中は「自分だけが」という考えを持ってはダメだと日頃から考えていた人だと感じます。国民一人ひとりが冷静に考慮し「いたわり合い支え合う精神でどうかこの難局をともに乗り切っていただきたい」と首相に言ってもらいたいと思ったのでしょう。

いずれにしても今回の事故以上のことが起こる可能性があることを忘れるわけにはいきません。

原発事故に関する裁判

資料の最後に次のように書きました。

「５年間にわたって福島県民のオール福島の声として、福島第二原発４基の廃炉を求め続けても、東電と政府は頑なに廃炉を表明しない。県民の怒りは強い。福島県議会を始め、全59市町村議会が10基廃炉を求める決議を挙げている。さらに福島県を代表する11人が呼びかけた福島県内のすべての原発の廃炉を求める会をはじめ、県内の様々な団体も粘り強い運動を続けている。原発事故の最大の被害地であり、全国から支援をいただいてきた福島が原発をなくし、住民共同による自然再生エネルギー利用の先進県になることは、国民と原発に固執する政治家、財界への最良の回答であると確信している」

ここに書かれている再生エネルギーのことですが、実は全国23の裁判所で福島県民が集団で国や東電を訴えて裁判をしています。だれも責任を取らないからです。私もいわき市民訴訟の原告団長として、裁判の中でも原発をなくそうと掲げています。もし勝ったら住民による自然再生エネルギーの会社をつくろうかなどということも話し合っています。私は大賛成です。大企業が作れば、いくら自然エネルギーと言ってもまた環境を壊すことを繰り返すかもしれないです。私たちの手の届かないところで電気が作られてしまう。しかし、風力でも水力でも太陽光でも、住民みんながお金を出し合ったら作れます。そのようにしたいなあと思います。それが一番いい回答だと思います。

原発、除染の労働者

最後に事故収束や除染のために働く労働者のことです。改善を求める運動で裁判となっています。裁判の中で労働者のピンハネの実態の一部が明らかになっています。東電は鹿島建設という元受会社にいくら出したのか裁判で尋ねても絶対に答えません。裁判長が提出するようにと言っても証拠は出しません。鹿島建設も東電からもらった額はいくらとは言いませんが、第一次下請け会社に1人あたり4万3千円を支払ったという証拠を裁判所に出しました。その一次下請け会社は1万8千円をピンハネして二次下請け会社に出しています。二次下請け会社は8千円をピンハネして三次下請け会社に出しています。その三次下請け会社は5500円ピンハネして労働者に渡したのは1万1500円でした。こうして元受会社が4万3千円支払ったのに、労働者に届いたのはわずか1万1500円です。すごい搾取率です。労働者の賃金を下請け会社が次とピンハネしていることが、裁判によってようやく明らかになりました。こうしたきっかけになったのは写真にあるような小さなポスターで「危険手当をもらっていますか」の文字の下に電話番号が書いてあります。このポスターが命綱になりました。

質問に答えて

Q．学校で原子力発電所についての作文を書くということですが、それは小学校や中学校の先生が原発について安全であるということを教えるというカリキュラムにはないことだと思いますが、どういう形で教えるのですか。またそれは福島県に限らず、原発がある県などに共通する教育なのですか。

A．他の県はわかりませんが、福島県では原発について作文を書いています。原発教育についてもっともポピュラーなのはポスターです。これは非常に水準が高いです。入賞したポスターを見ると、本当に小学生が書いたポスターなのかと思うぐらいすばらしいポスターです。標語もあります。私が今日お話した富岡中学校では、おそらく東電の職員が臨時講師として教えているのではないかと思います。あるいは、先生が作文の指導を受け、それを子どもに伝授して作文を書かせているのかとも考えられます。しかし、学校の先生でもとても悩んでいる人がいます。原発について確かに子どもに教えたことがあって、原発は環境にやさしい、安全、安いということを何らかの形で子どもに教えたことを悔やんでいる人がいます。

また道徳の授業でも、内容ははっきりわかりませんが、原発か原子力についてのパンフレットのようなものを作って子ども全員に配っています。それを授業で使うと聞いたことがあります。

質問に答えてくださる伊東さん

3・11前までは、多くの子どもが東電に就職することが最高の誉れとして捉えられてきました。そして非常に待遇もよかった。さらに、原発と関係がある人はその立地町ではエリートと見られていました。東電の人と付き合える、あるいは会社の役員と園遊会のようなものに参加できるなどということは、その地域では最大の名誉であり、紳士・淑女と見られていたのです。だから優秀な人が東電にたくさん就職しました。

《Day1》を振り返って

福島に出かける前には

石川康宏　9月5日に福島空港からいわき市に入り、8日の福島市を最後にする3泊4日の旅でした。たくさんの方のお話を聞き、いろんな場所を見てきました。うかがったお話のいくつかは、この本にも収録されるから、ここではその場、その場でみんなが感じ、考えたことを中心に話し合いたい。旅行には、景山佳代子先生も同行してくれたので、今日も参加してもらっています。

まず福島を訪れることについて、旅行の前にみんなはどう思っていたのだろう。ご家族と話し合うなどのことはあったのだろうか。そのあたりから。

疋田愛実　毎年先輩も行ってるので、大丈夫やろうと思ってはいたけど、福島に着いた時には、ちょっと緊張しました。ゼミの旅行なので、親は安心していたようです。家では福島の食べ物を避けたりということはなかったし、行って私が感じてくることが事実なんやろうし、行ってきなさいという感じでした。

森本結衣　私の母は最初、反対してました。ゼミで勉強してきて「福島の食べ物とか大丈夫だから」と言ったんですけど「私は食べへんな」とずっと言ってて。でも、私は行きたいと思ってたし、だからこのゼミを選んだし、実際に行ってみて楽しかったたし、ブドウもおいしかった。母に、お土産のブドウをあげたら、喜んで食べてましたしね（笑）。

仲里彩　私の母は、普段から食材を選ぶタイプで、福島産の食べ物も「ひょっとしたら汚染されてるかも」と思っている人でした。そこは、どれだけ説明しても理解してもらえませんでした。お土産のブドウは食べてましたが、まだ完全に安心しているということではないようです。

小南奈央　友達にメールで福島の視察に行くと伝えたら「ちゃんと防護服着て行ってな！」と言われました。冗談かなと思ったら本気で言ってたようで、その子のなかの「福島＝原発事故」という固定されたイメージの強さに驚かれました。

9月5日・第1日目

石川　なるほど、いろんな不安があったわけだ。さて9月5日は、7時15分に伊丹空港に集合だった。遅刻した人もいてものすごくドタバタしたけど、それでも9時半には、予定どおり福島空港に到着し、そこから貸し切りのバスで、いわき市に向かっていった。バスの運転は4日間ずっと、小川正介さんにお世話になったね。

いわき市で伊東達也さんと合流したけど、体調が思わしくないとのことで、バスでの案内は菅家新さんが代わってしてくださった。まずは菅家さんの説明をうかがいながら、海沿いを北に向かっていったね。

森本　いわき市の四倉から、広野町、楢葉町とバスの中から外を見て、ぱっと目についたのは除染で出たゴミの仮置き場。黒い袋（フレコンバッグ）がいっぱい並んでいるのに驚きました。あんなにどこにでもあるものだとは思ってなかったので。それと、避難して人がいなくなっている町は、建物や道路が壊れ

ているわけではないので、とても不思議な光景に見えた。放射能汚染っていうのは、こういう景色をつくるんだなと。

「原発事故、次は日本、次も日本」という警告

岡田さくら　楢葉町の宝鏡寺で、お昼のお弁当を食べて、住職の早川篤雄さんのお話を聞きました。印象に残ったのは「原発事故、次も日本」ということを強い口調で言われて、壁にもその文字がバンッて貼ってあったことでした。早川さんは2011年の事故のずっと前から原発の危険を東電に訴えていたから、事故への怒りも格別なんだなと思いました。

川上真奈　早川さんは長く原発反対の運動をされて、いろいろな知識もある方だから、話に迫力と説得力があった。私も「次も日本」とは思っていなかったけれど、そうなるかもしれないなって思いました。

石川　早川さんは、東電の事故の前には「原発事故、次は日本」と言って、原発の危険性に警鐘を鳴らしていたんだね。東電の安全管理があまりにもずさんだということで。そして、その点が事故後も大きく変わっていない現実を見て、いまは「次も日本」という言葉を使っていた。これはもちろん避けることのできない宿命論としてではなくて警鐘を鳴らす意味でのことで、実際にはなんとしても避けなければいけないことだけれど。

小才度きらら　福井県には日本で一番たくさん原発がありますけど「次も日本」の大きな被害は関西に起こるかも知れない。あらためて、とてもこわいと思いました。避難している人がこんなにいる中で、原発の再稼働を急いだり、海外に輸出しようとしている政府などの動きを見る

と「次も」というのは大げさな言葉ではないと思えました。

小南　私も祖母と叔父が福井に住んでいるので、もし「次」が福井だったらと思うととても怖いです。福島の事故は他人事ではないし「次も日本」にならないように何ができるか、きちんと考えないといけないと思いました。

富岡市の夜ノ森地区で

石川　早川さんはご自分の意見をとてもはっきり言われていたけど、みんなには自分で調べて学んでほしいとも言われていた。そこは期待に応えていかないとね。宝鏡寺を出た後は、富岡町の夜ノ森で、少しバスを降りたりもした。道路1本隔ててこちらは帰還困難区域、こちらは居住制限区域という場所で、そこでは毎時0・6マイクロシーベルトくらいの数字が出ていたね。

迮田　線量計の音が結構鳴ってて、ヤバッて反射的にバスに戻りました。

景山佳代子　あそこで二つの区域の境界に立った時に、なんだか気持がざわざわして、身体的に受け入れられないものがありました。

繰り返し話題になった人と人の対立

石川　放射線は目に見えないし、五感では何も感じられない。その分、余計に怖さがあるね。

その後、いわき市にもどって伊東さんの話を聞いた。元気に話してくださったのでホッとした。伊東さんは直前に書かれた論文にそって、ていねいに体系的な話をしてくださったけど、大きなテーマの一つにあげられたのが人々の「分断」ということだった。その言葉は、今回の旅行の中でいろんな方から、繰り返しうかがうことになった。「賠償金をたくさんもらっているだろ」という理由でいやがらせを受けるとか、避難先の仮設住宅に花火を打ち込まれるとか、「出て行け」といった類の落書きがされたり、ようやく建てた家に「原発御殿」なんて書かれるとか。もちろん、互いに力をあわせるということもたくさん行なわれているんだけれど。

疋田　時間の経過の中で、津波や地震で壊れた建物とか、放射性物質による汚染の問題とか、いろんなことが少しずつ改善されてきてるじゃないですか。でも、人と人との関係は、友達同士でも前の状況に戻すのは難しい場合もあるそうで、震災から時間がたった今、一番の被害って何やったんやろって考えたときに、壊されてしまった人間関係というのはとても大きなものなんだなと。被害に応じて賠償金の額が変わるといっても、道路1本隔てて全然違うとなれば、どうしてという気持になるのはよくわかる。どこかで線引きしなければならないのは事実だけれど、もう少し工夫できなかったのかなって思いました。

石川　今回いろんな人に教えてもらった人々の意識のずれとか対立とか、それを意図的につくられたものととらえれば「分断」となるわけだけど、それは少なくとも今あるような形で元々あったものではないよね。新しく生み出されたもの。それをどうすれば、より穏やかな形に鎮めていくことができるだろう。

疋田　被災して生活が大変な時は、誰しも追い込まれてしまいますよね。そういう時って、ど

うしてもまず自分が一番になりませんか？　私やったら自分が落ち着くのが先で、一段落ついてから周りも助けようとなっちゃいます。自分が大変な時には、賠償金が多くもらえるのは嬉しいことですし、ラッキーって思ってしまうかも知れない。だからといって自分よりたくさんもらっている人を責めるというのは、ちょっと別の問題かも知れないですけど。

景山　人々の分断や対立の話は私もすごく印象に残っています。私はいま、70年代にあった原発建設の反対運動に成功した地域の調査をしているんですが、その地域には漁協があって、漁協の漁師さんたちが協力して、反対運動の推進役になっていました。漁協は、お祭りをするときには、自分たちで資金を集めてきたり、お葬式があるとお互いに助け合ったりするわけです。伊東さんは、原発事故後の福島に必要な関係のあり方としてＮＰＯのような、相互扶助の形を強調されていました。それで、福島にも漁港はありますから「漁協のような組織があったんじゃないですか」と質問したんですね。ところが、東電が来て原発が立地された自治体では、例えば神社が壊れたとかお祭りがあるってなると、すぐに「東電にお金を出してもらいに行こう」ってなっちゃって、自分たちの漁協や青年団で何かをしようという気にならなくなったとおっしゃってました。原発が来ることで、自分たちでお互いにお金や力を出しあっていく互助組織とかそういう文化が壊されてたんだなって思いました。そういうことが当たり前になって、数十年生活して、いざ原発事故となったときに、自分たちの地域に以前はあったが、もう失われてしまった相互扶助をもう一回作り直さなきゃいけない。なくなったものを作り直すって本当に大変なことですよね。私

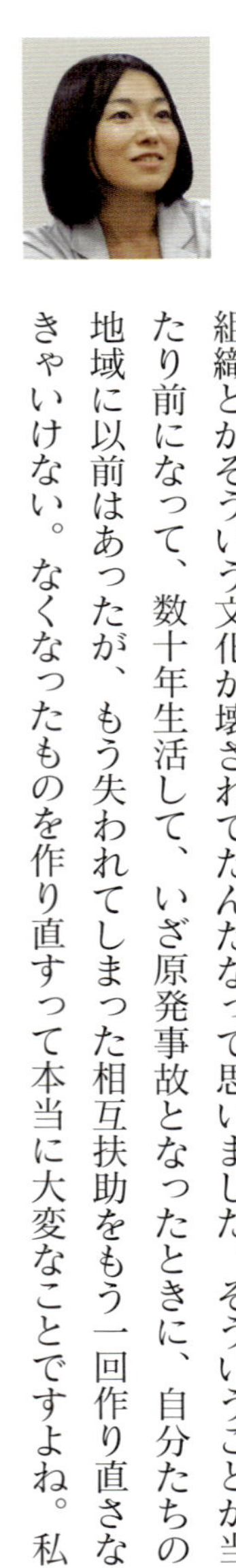

たちは原発事故によってたくさんのものが破壊されたと考えているけど、実際は原発が建設されたこととか、原発が40年間運転してきた中で、すでに目に見えないけれど壊されていたものがたくさんあったんじゃないかなと、お話を伺って考えさせられました。

岡田　国が人や地域を分断させることがあるっていうのは、どこかで聞いたことがあって、それは伊東さんのお話につながるところがあるなと思いました。放射性物質による汚染で迷惑を被った人たちが、力をあわせて国や東電の責任を追及しはじめると大変なので、そこに仲違いを持ち込むといった話です。他の方のお話ともあわせて、そういうことって、本当にあるんだなと思わされました。

景山　菅家さんも同じようなことをおっしゃってました。その点では、水俣から学ぶことがあるって。水俣でやられていたのはまさに今、岡田さんが言ったようなことで、国は住民がまとまると一番困るから、分断しようとする。道で線引きするのは不合理だってわかってて線引きするんだって。そのあたりは水俣も福島も話がつながってるなって感じました。

石川　さっきの賠償金が多かったらラッキーって話なんだけど、確かに、少ないより多い方がラッキーなんだろうけど、周りよりたくさんもらう人がいたとしても、その人も自分の家に住めなくなったり、家族がバラバラになったり、土地の思い出を語り合う友人と切り離されたりと、ものすごくたくさんのものを失っているんだよね。そうして失ったものの大きさを考えると、お金では埋められないものがたくさんあって、そういうつらさや苦しさを背負って、生活の再建に苦労している人に対して、なんだ新しい家なんか建てやがってといった具合に、それを

バスで案内して下さった菅家新さんと

その人の贅沢であるかのように見る目があるというのが深刻だと思う。被災者が償いとしていくらかのお金を受け取ったことを妬む人がいるっていうのは、被災によって失われたものの重みに想像力が及んでいない気がするね。妬む側の人にも辛さはあるんだろうけれど。伊東さんは、そうした社会の亀裂を修復する上で、NPOのような市民の共同した取り組みが大切だと言われていた。伊東さんは医療生協で仕事をしていたよね。病院を組合員が少しずつお金を出しあってつくり、運営して、地域の医療をみんなで支えてあっていくという組織。1人ではできないことを、力をあわせて実現していくわけで、経営の維持は必要だけど、それは営利目的で行なうものではない。だから理事とか、理事長とかいったって給料はほとんどありませんよと言われていた。人と人のあいだに対立がつくられてしまう現状に、そういう下からの共同、連帯が広がることを祈っていると言われていたね。

川上　伊東さんは原発問題についての住民運動のリーダーをされていて（原発問題住民運動全国連絡センター筆頭代表委員）、２０１１年の事故が起こるずっと前から、原発の安全性についての問題提起を東電に対して何度もされていました。でも東電は誠実な対応をしてくれなくて、そんな状況がある中で、私たちは今どうしたらいいんだろうって思わされました。
小南　東電の社長にこの文書を届けてほしいと言って「はい、わかりました」と返事があったのに、結局届いていなかった。そんなことが3・11後にわかったという話は本当にひどいと思いました。いつか事故が起こると思って、それを食い止めようとしていた伊東さんたちの気持ちを考えると胸が痛いです。

自分で確かめて考えなくちゃ

川上　原発問題って、関心を持ってる人が世の中全体では多くないと思うんです。事故直後には、関心が集まったけど。そうやって人の関心が弱いことがダメなんだろうなって思います。社会の動きに対して、これは本当にいいことかなと考えて、もし、ダメだとなったら、自分たちで声を上げる。そうやって、何でもちゃんと考えてみるってことが大事だなと感じました。
岡田　宝鏡寺の早川さんが、事故後の現場を、私たちは住民の立場から監視し続けなければならないっておっしゃってて、その必要性を私たちにも強く訴えてくれた。監視を続ける、興味を持ちつづけるということなら、私たちにもできることなんじゃないかなって思いました。
石川　いろんな世論調査を見ても、今すぐであれ少し先であれ、できるだけ早く原発をなくしたいという声は、大体６割くらいだね。原発の再稼働に反対する声も過半数を超えている。それにもかかわらず、電力会社は原発を続けたいと言い、政府はそれを後押ししてしまう。そういう状況を多くの人が仕方ないって諦めるんじゃなく、やめてと声をあげていくことが大切だよね。いまほとんどの原発が止まっているのは、動かしたいという声と止めておきたいという声のぶつかりあいの結果であって、そういう意味では市民の声で社会を動かすというのは、すでにわかりやすい実績をあげているわけだし。

小南　私は、このゼミに入ってから原発はダメだと思うようになったんです。中学や高校の授業で、原発は二酸化炭素の排出量が少なくて環境にやさしい「クリーンなエネルギー」だと教わった時には、どうして原発に反対する人がいるんだろうって思いました。自分も「安全神話」に取り込まれていたのだと思うととても怖いです。

景山　原発事故以前に、伊東さんが福島で大学の理系の学生に話をされたときに、学生から「日本の科学技術を何だと思ってるんですか」と批判的なことを言われることもあったのに、事故後には「そうだ、そうだ」って手のひらを返したように反応が変わったとおっしゃってました。小南さんもこのゼミで学習して、原発の問題点に気づいたというのはよかったなと思うんですが、反面、私たち教える側として、私たちが言ったことを学生が素直に受け入れすぎて、ふとした瞬間に「騙されてた」とか「違っていた」って、反転してしまうんじゃないかという怖さもあるんですが、そういう点はどうでしょう。

小南　自分でちゃんと確かめないといけないなと思います。ゼミで自分で調べてみると、思っていたのと全然違うということが何度もありました。テレビのＣＭを鵜呑みにするのもよくないし、全部そのまま「そうなんだ」って受け取ってはいけないなと思いました。

石川　僕の発言もふくめて、なんでも鵜呑みにしちゃいけないってことだよね。「すべてを疑え」っていうのは、その点では名言だ。早川さんが自分で調べてくださいと繰り返していたのも、同じことだよね。

9月6日（火）

朝食を終えて9時にはロビーに集合。9時40分、いわき市内のUDOK.に到着。「うみラボ」の取り組みを中心に、小松理虔(こまつりけん)さんのお話（54ページ）をうかがう。お昼は小松さんおすすめの店でワンタンメン。1時20分、アクアマリンふくしまで、星克彦(ほしかつひこ)さんから「震災復興プログラム」のお話を聞き、水族館も少し見学。3時には、小松さんと再び合流し、いわき市内を案内していただく（83ページ）。4時半、旅館・古滝屋にもどり、5時から館主の里見喜生(さとみよしお)さんのお話（100ページ）。「町の中も歩いてください」という里見さんの言葉もあり、その後は湯本駅周辺でそれぞれ夕食をとる。

震災復興とは何か——UDOK.で考える

小松理虔（UDOK.）

外から押し付けられる被災者、内から望まれる被災者

今、私たちがいるこの場所を簡単に紹介します。この場所は「UDOK.（ウドク）」という名前です。「晴耕雨読」って、昼間は畑を耕して、雨が降ったら本を読んで自分の知識を蓄えるって、そういう悠々自適の暮らしぶりを表した四字熟語だけれど、それを現代的に解釈して、平日の勤め仕事を「晴耕」として、あくまでこちらは食い扶持を稼ぐ仕事と考えて、その一方、夜や休日は自分の表現したいことをしたり、クリエイティブなことを副業的にやる時間と考えて、こちらのほうを「雨読」とする。そして、そういう本業と副業を二つ持つようなライフスタイルのことを現代的な「晴耕雨読」と考えて、その「雨読」の時間を過ごすアトリエとして、この場所を立ち上げました。都会だと夜8時、9時まで仕事をすると思います。そうすると仕事とプライベートの二つしかなくなっちゃうけれど、その間にサードプレース的な感じの場所を一つ挟む。そういう場所として、この場所を2011年5月に立ち上げました。

そういう場所なので、本来は震災とは関係のない場所なんだけれど、テレビ局の取材なんかが来ると「地域の復興のためにこの場所を開いたんですよね？」とか言われちゃう。テレビ局

お話ししてくれる小松理虔さん

の記者さんは「はぁ」って感じになるんだけど、実際、この場所は震災とは関係ない。それなのに外側から「被災者が開いた場所」みたいな立場を押し付けられちゃうってことなんですね。福島の人は、被災したのだから、きっと復興のために、町のためにエネルギーを出し頑張っているんだって前提で来る。それはある意味、外側から被災者であることを押し付けられているってことなんだと思う。おれたちは震災とは関係ないって言っているのに、被災者が頑張っている場所だとされちゃう。これって感動ポルノと同じだろって。

あともう一つ、外側から押し付けられる被災者ではなくて、内側から作られるものもある。例えば、地域で何かいろんなイベントをするとする。すると自治体が助成金を使っていいよとなるんだけれど、企画書のなかに「震災復興のために必要だ」ということを記入しないと予算が落ちない。地域の復興のため、防災のため、双葉郡から避難してきた人たちとの交流のため、みたいな大義名分が必要になる。本当はそんなことないかもしれないのに、助成金を得るために「被災者です、まだまだ大変です」ということを言わなければいけなくなる。これは被災者であることを固定させるってことだと思うんですね。

つまり「復興しよう」と言えば言うほど、自分を「復興していない人」、つまり「被災者」だということにしてしまう。復興を叫べば叫ぶほど、自分を被災者の立場に固定してしまうってことなんだよね。そしてこれがある種の利権になってしまう。被災者である、弱者である、だから支援が必要だ、もっと予算を落としてくれって。でもそれでは自立からはどんどん離れていってしまう。本来復興とは「自立」でなくちゃいけないはず。それなのに復興を叫ぶほどに、自分を被災者の立場に固定して、自立から遠ざかってしまう。だから、復興という言葉には、とても難しい問題があるなって、そういうことをずっと感じてきました。

福島の海を自分たちで調べる──いわき海洋調べ隊「うみラボ」

今日話をしようと思っていた「いわき海洋調べ隊 うみラボ」の活動も、基本的なところでは自立というテーマが入っています。うみラボは、一般市民が専門家の力を借りながら、福島の海洋汚染について調査したり、魚の放射線量を調べたりするプロジェクトです。福島の魚の放射線量と言うと、どうしても自治体や東電の出すデータに頼らざるを得なかったけれど、自分たちで、とにかくDIYでもいいから調べようっていう活動で、2013年の秋から仲間たちと一緒に続けてきました。

実は私は、2012年から2015年まで地元のかまぼこ屋に勤めていたんです。かまぼこ屋に勤めているということは、お客さんからしてみれば「福島の水産加工業者」だから、福島の魚のこともきっと知ってるだろうと思って「福島の魚は大丈夫なんですか？」なんて聞いてくるんですね。でもその時にちゃんと答えられなかった。それじゃあお客さんからの信用もなくなるなって、自信を持ってこうですって言えるデータがないといけないなって。そういうことで、とにかく自分たちで調査してみようじゃないかと、そういうことで始まりました。３年近く続けてきて、色々なデータも集まってきて、今では自信を持って「流通している福島の魚は安全です」と、科学的な根拠も踏まえて、しっかり伝えられるようになりました。

思い返してみると、福島第一原発事故の、あの爆発する映像ニュースや、汚染水の流出に関するマップの画像は、とてもショッキングでしたよね。だから、多くの人が、福島の沿岸にドバァーっと汚染水が流れたというイメージで固まってしまっていると思います。未だに「福島の魚なんて食べられないはず」って考えている人も多いですよね。でも、それは違うということが、調査の結果よく分かってきました。自分たちで調べてるから、それは自信を持って言えます。

みんなが知っているように、福島では漁が制限された「試験操業」という段階でしか、漁業が行われていません。とはいえ、普通に市場にも流通していて、みんな普通に福島の魚を食っています。今は80魚種近くが試験操業の対象になっていて、それらはみな安全性が確認されているんだけれど、出荷量は震災前に比べたらめちゃくちゃに少ないし、まだ国の出荷規制がかかった魚種もある。ずっと制限された漁業を余儀なくされているってことです。全国で唯一、キツいこんなとばっちりを食らっているわけだから。

今では色々なデータが揃ってきて、さっきも言ったけれど、流通されてる魚に関しては、安全性はちゃんと確認されています。ただ、海っていうのは自分たちで行くことができないので、不安を払拭するためには時間がかかりますし、今まで放射線なんて考えたこともなかった人がほとんどという状況で、いろんなデータが出てきても、それが何を意味するかはよくわからない。いきなり何ベクレルだ、何シーベルトだ、セシウムだ、ヨウ素だ、ストロンチウムだとか言われても、よくわかんないよねと。

だって、勉強してないんだから。あえて批判的に言うならば、原発で事故なんて起こることはないので、国民は放射線なんて学ぶ必要がないって、そういう安全神話をベースに原子力政策をやってきたからですよね。だから、私たちは原子力について何も知らされないまま育ってきた。そして、事故が起きた途端に、この情報の渦。そこで不安になってしまう人は大勢いると思うし、そこでね、これが科学的に正しい情報なんだって言っても、伝わらない人は多いと思う。分かる人と分からない人の温度差とか濃淡が出てくるということです。そして、一方では、分からないっていう人は無知だと、悪のように語られていくようになります。これだけ説明しても分からないなんて、それは無知だと、福島の食品を食べたくないだなんて、それは福島差別だよと。そういう声がここ1、2年大きくなってきました。

原子力発電所でこんな事故が起きたらこうなります、だからちゃんとこういうことを勉強しましょうって、そういうことが共有されていたら、これほど大きな社会不安や分断は起きてなかったと思います。でも、原発で事故は起きないっていう前提でいろんなことが組み立てられてきた。そりゃあ大混乱するし、そう簡単に収束しないよねって、そういう諦めもまたあるのが本音です。

福島の魚のデータを少し紹介しましょう。モニタリング調査した魚のうち、どのくらいの割合で国の基準値である１００ベクレル毎キログラムを超えたのかを示すグラフです。平成23年4月から6月のデータを見ると、調査した魚のうち、実に半分以上が１００ベクレル毎キログラムを超えていました。それが、平成28年の1月から2月では０％です。つまり１００ベクレル毎キログラムを超える魚はもう見つかってないってことなんですね。最初は汚染されていました。なので、最初から被害は大したことありませんでした、ということではない。非常に厳しい汚染だったことは確かです。でもかなり改善してきたのも事実です。図を見ればわかりますよね。でも、やはり難しいのは、こうしたデータが届かない人たちが一定数いるってことなんです。

「福島の魚はまだ食べたくない」という人がいるとする。それに対して「うるせえバカ、お前なんて食うな」と言えば、それはそれで溜飲は下がると思うけれど、今のＳＮＳの時代は、やりとりが可視化されるし、実際にそんなやり取りを見たら微妙な気持ちになりますよね。例えば、自分がラーメン屋をやっているとする。目の前の客が「福島県産のメンマは食わない、金返せ」とか言うとする。そういう面倒な客にキレちゃったら負けで、損して得取れじゃないけど、他の客が見てるわけだから、悔しいけれど丁重に帰ってもらうしかない。それがプロの商売人だと思う。だから私もできるだけそういうコミュニケーションを取っていきたいと思ってやってきたつもりです。

うみラボで見えてきた魚種や生態による汚染の違い

うみラボと並行して、アクアマリンふくしまという水族館の獣医の協力を得て、魚の放射線量をお客さんの目の前で測ったり、福島県産の魚を試食したりする「調べラボ」というイベントが開かれています。獣医の先生から直接、魚の生態や食性、汚染の状況などを聞くことができるので、わたしたちの知識も大幅に増えてきました。

そこで分かってきたことの一つに、今回の事故でもっとも多く排出されたセシウムという放射性物質は、魚の身体の中には蓄積されない、ということでした。福島の魚は、年齢が大きくなればなるほど、放射性物質が溜まっていって線量が高くなるってイメージだったんだけれど、実際には、排出がどんどん進むということが分かってきたんですね。

どういうことかというと、浸透圧を考えればよくわかります。魚は海水、つまりしょっぱい水の中で泳いでるのに、刺身はしょっぱくなりませんよね。あれは身体のなかの塩分を一定に保つ機能が海水魚の身体に備わっているからなんです。海水の中を泳いで、一旦は大量の塩分を取り込むのだけれど、どんどん排出されていくんです。実はセシウムというのは、カリウムと構造が良く似ていて、塩分と一緒に排出されるんだそうです。事故当時は、海水のセシウム濃度も高いので、どんどん体内に取り込んでいってしまうのだけど、海水のセシウム濃度が下がると、今度は排出される量のほうが増えていくから、結果的に排出が進むと言うわけです。それをアクアマリンふくしまの先生方は実験で実証しました。そして、データもそうなっている。

もう一つ、泥の性質です。調査の結果、セシウムという放射性物質は泥と結着しやすいことが分かってきた。つまり、海水に漂っていたセシウムを、海底の泥がしっかりとつかみ取ってくれているから、魚に移らないということなんですね。海底の泥の放射線量を測った時、線量が高いと「魚もきっと汚染されてるに違いない」と考えてしまうんだけれど、線量が高いとい

アクアマリンふくしまも見学した

うのは、それだけ泥が吸着してくれているからであって、むしろ魚にはほとんど移行しないんだと、これは私たちにとっては大きな発見でした。こういう専門知識を少しずつ学びながら、実際のデータと摺り合わせていく。すると、専門外だった私たちも納得できるようになるんです。

今まで少し専門的な話をしてきたけど、根本的な話をするならば、やっぱり今まで、福島の海のことをまったく理解してなかったんだ、ということを活動を通じて痛感しました。例えば、このヒラメとカレイ。とても似た魚だけど、違いはわかりますか？　ヒラメの顔の向きとカレイの顔の向きは違います。左ヒラメ右カレイといって、実は、私も港町に住んでいながら初めてヒラメを釣ったんですね。そして、福島県沖にこれほどヒラメが泳いでいるんだってことも、今さらになって知りました。だから、うみラボという活動の面白いところは、放射性物質について調べていたはずなのに、結果的に魚に詳しくなった、海への理解が深まったということなんです。

例えば、マグロやカツオの話もそうです。今まではただぼんやりと食べていただけだったのに、うみラボの活動を始めてから、生態を詳しく調べるようになった。カツオを例にとると、カツオという魚は、暖かい海流に乗って南からやってくる魚なんだけれど、北上の途中ではまだ脂が乗ってなくてさっぱりしたのが多い。でも、冷たい海域に入って、三陸や北海道の方まで来ると、冷たい海でプランクトンいっぱい食べて脂が乗ってくる。すると、時期の早いカツオと、戻りガツオでは味も違うし調理法も違うし、生態に詳しくなると、いつの間にか料理法とか、どう料理するとおいしいとか、そういう話になって来るんですね。ここまでくるともう汚染調査じゃなくて、グルメ情報になってきちゃう。でもほんと、自分たちが普段口にしてる魚なのに、自分たちは何も知らなかったんだなって思わずにいられないんですね。

私たちが普段口にしているもの、そのすべてに生産者がいるっていうことは頭ではよくわかってるんだけれど、自分の口に届くまで、どういう経路で、どういう方法でやってくるのか、よく分かってなかったということなんです。分からないからどうしても不安になる。不安っていうのは、安心したいということ。安心するには、やっぱり学んで自分たちで足で稼いで現場で見て、体感して、そして体験したことが専門的な知識の裏づけがあって、身体にしみ込んでくる。自分たちでやって、そこに専門家が入ってきて、こういうことなんだよって説明を受けて、そして納得できる。そういう地道なサイエンスコミュニケーションが重要だなということを、今改めて感じています。

魚も米も野菜も同じで、それらがどのように作られて、どのようにスーパーにやってきて、いま目の前で陳列されているのか、ちゃんと知ってますか?ってことなんですね。つまり自分の日常を支えているものがどういうものなのかわからないまま、日常を過ごしているってこと。そしてそれは安心できる生活ですか?ってことなんですよね。日常を見直す、問い直すということ。これはあとでもう一度掘り下げますが、その問いかけの重要性に、うみラボを通じて気づくことができました。

震災後クローズアップされた言葉の一つに「安心」というものがありますよね。それまでも使われてきた言葉だけれど、特に震災後クローズアップされた言葉です。これは私の解釈ですが、安心っていうのは１００％安全だということではなくて、安心と心配のボーラーダーラインを自分で把握していく、ということなんだと思うんです。つまり、どこまでが安心できて、どこからが心配なのか、その領域を自分で把握しようということ、そして、知ろうとした結果、安心できる領域を拡大していく、ということなんだと思います。

それを海に当てはめてみましょう。福島の魚はみんな心配だ、と一括りにするのではなく、回遊魚は大丈夫、沖合の海底の魚も安全、ただちょっと沿岸の魚は気になるな、とか、そうやってリスクを最小限のところに狭めていくということなんです。福島県の魚は全部安心です、イエーイっていうのは安心じゃない。自分の中で線引きできること、ここは危険だな、心配だな、ということを把握しておけば、それが「安心」ということなんだと思います。現段階では、ほとんど安全だと言えるけれど、じゃあ全て解決したかと言われればそうではない。ちゃんと調べて自分で把握していくことが、何よりの安心なんだと考えています。

そして、そういう「安全か危険か」という評価軸ではない、別の評価軸を持ち出してくると、途端にこれまでとは違う福島の風景が見えてきます。先ほども少し触れたけれど「漁業資源が回復している福島」というのもその一つ。福島の漁業というのは、試験操業、つまり管理された漁業です。今、日本全国の漁業が、資源をどうやって守ってくかという話をしていますよね。例えば近畿大学のマグロだってそう。天然のマグロが取れない。だったら自分たちで管理して養殖しようと。そして養殖に限らず、多くの魚種で資源をいかに守り、獲り尽くさない漁業にするかという議論が盛んになってきています。実は世界的に見ても、日本の漁業は立ち遅れていて、この資源管理がうまくできていないという問題があります。

ところが、福島の海は、東電や国から支援されないと生き残れないように見えるけれども、日本で唯一、資源が回復してきている海域なんです。5年間禁漁したことで、魚種によっては震災の前の5倍の量にまで回復したという報道もありました。他県ではなかなか難しい資源管理漁業が、福島では成功しているということなんですね。そういう評価軸を入れていかないといけない。確かに、福島の海は原発事故の被害を受けて、大変な被害を受けたところです。だけれども、ある一面では、めちゃめちゃ希望がある。そういうとてつもない絶望的な状態と、だからこそ出てきた大きな価値が共存しているということなんですね。だから、ネガティブな方に目を向ければいつまでもネガティブだし、かと言ってポジティブなところに行けばポジティブなこともあるんだけど、かと言ってネガティブなものを無視することはできない。つまり常に絶望と希望との間で揺れ動いていると言ってもいいかもしれない。

日常を、そして地域を知ろうとすること

うみラボの掲げるテーマの一つに「面白く調べる」ってことがあるんだけれど、面白いとか、楽しいというのはとても大事だと思っていて、というのも、面白くないものは結局長続きしないということなんです。これ、震災復興とか復興支援もまったく同じで、やらされるものだと長く続かないってことなんですね。例えばみなさんのゼミもそうで、卒業するためにはしょうがねえな、と思ってやってても面白くない。それで福島に来てもたぶん1回きりで終わってしまうと思います。だけど何かしら興味があることだったり、こんなことがしたいなってことができる土地であれば、関係が長く続くはずです。

例えばこのUDOK. という場所もそうです。ここが震災復興のための場所だったら、もう閉まってると思う。だけれどここは自分たちが日常を楽しむための場所だから、今も続いているんですね。楽しいことだから、みんなやらされてる感覚じゃなく、自分たちでやってきてくれる。そういう場所です。

原発事故の廃炉は、何十年とかかります。下手すりゃ100年。そういう状況下で、より長く関心を持ってもらうためには、やっぱりネガティブな感情や言葉をフックにするのではなく、ポジティブなもので関心を集めていかないといけない。課題に長く目を向けていきたいからこそ、楽しい、面白いというテーマを掲げているわけです。やっぱり、体験すること、そしてその体験がめっちゃ楽しいんだと、そういう言葉で伝えていく。それが本当に大事だと思っています。

でも、このポジティブって言葉には、とても複雑な思いもある。だって、原発事故って、本当

に多くのものを奪っていったし、すごく大変だったわけですよ。いろんな葛藤があって、そりゃあ、原発事故なんてなかった方がいいし、震災なんてなかった方がいいんですけど、それを言っても始まらないし、それでも前を向いて生きていかなければならない。こんなことやっても無駄だというニヒリズムを超越していかないといけない。そこは空元気なんだけれど、とにかくポジティブにいかないといけない。それが風化や風評に抗うということでもあるんだと思うんですね。

原発事故が教えてくれた視座、ものの見方という意味では、私は日常生活に対する眼差しが変わったように感じています。震災直後は水が出なかったから、毎朝貯水場などに水を汲みに行きます。たぶん神戸のみなさん、みんなのお父さんとかお母さんは経験してると思うけど、水を汲みに行くと貯水場に、ゴミ箱のポリタンクのような容器にジャンジャン水を入れている人がいたりする。だって普段は水を汲んで入れておく必要なんてないから、水をためる容器なんて誰も持ってないんですね。で、その調子で水を入れていくと、重すぎて持てない。透明のゴミ袋とかに入れてる人は、袋が破けちゃったりしてるわけです。つまりこれ、どういうことかというと、水の重さすらよくわからない状態で生活しちゃってるということ。水を飲むっていうことは、人の体にとっては絶対必要なものなのに、私たちは水の重さすらよくわからない状態で生活してるってことなんですね。

そして、日常を問い直していくと、やがてその視線は地域に向いてきます。なぜかというと、自分の暮らしって、やっぱり自分1人でやるものではなく、地域に繋がっていくからなんですね。都市部に住んでいると感じられないかもしれないけれど、いわき市あたりだと、やっぱり地域の話に繋がってきます。先ほど自分が口にしているものや、店頭に並んでいるものが、どこからどうやってここにたどり着いたのかを知ろうって話をしたけれど、そういう話は、地域についても同じことが言えます。つまり、自分の住んでいる地域のことを知ろうってことなんですね。

地元のことなんて、あんまり興味が湧かないもの。けれども自分の地元のことなんて興味ないわって思ったらそこでおしまい。どうやって楽しく知れるか、どうやったら楽しくなるかってことを考えていかなきゃいけないんですね。この場所もそうで、田舎に行くと山しかない、海しかない、つまらない、なんてことはザラだけれど、その海をどうやって楽しむかを考えることと、そこに創造性が生まれるわけで、山しかない、海しかない、なんて言ってるのは思考停止だと思っています。

この場所を開いてからしばらく、毎月のように、写真を撮りながら町歩きするというイベントをやってました。朝早く起きて、港町の写真を撮りながら歩いて、食堂で美味しい朝ごはんを食べて、そしてあとでみんなで写真を共有する。そんなイベントで、毎回10人ぐらい写真好きが集まってくれるんだけど「あれ、自分の地元ってこんなにきれいだったっけ」なんて、いろいろな気づきが生まれます。

写真は撮らなくてもよくて、朝散歩して、コーヒーでも飲みながら港の堤防に座って、ぼんやりと海を眺めてると「実は自分はめっちゃいい街に住んでるんじゃね？」なんて思えたりして、それを楽しんでいかないとそこで暮らす意味もないと思うんですね。「自分の故郷のことをもっと知ろう」なんて言うと優等生の発言に聞こえるけれども、結局やっぱり、今の暮らしを楽しむ、ポジティブに変換していくってことはものすごく大事なんだろうと思うんですね。原子力発電所の事故の話をするのはとても大事だけど、その話をした先に、地元のことを知る面白さとか、地域の豊かさに気づけることとか、やっぱり何かしらポジティブに変換していかないといけない。

やっぱり、震災で2万人の方が亡くなって、その2万人それぞれに夢や希望や、やりたいことか、こんなことしたい、あれを食べたい、そういう思いがあり、それを残して亡くなっていった。残された私たちに何ができるかと言えば、やっぱり自分の人生を楽しみながら生き切るということだと思います。私たちが自分たちの人生を全うしないと、いずれ天国に行った時に「お前はちゃんと生き切ったのか?」って聞かれると思う。つまり、言葉に出すと薄っぺらいかもしれないけれども、私たちがちゃんと生き切る、地域と共に楽しく人生を全うするということが、犠牲になった人への弔いになるんじゃないかと、私は勝手に認識しています。地域のためとか、復興のためとか、そういうことじゃなく、自分の人生をちゃんと全うして、日常を楽しんでいくということ。それ以外にないんじゃないかなと思います。

自立から遠ざかる復興、そして賠償

今日は、ポジティブな話が多かったけれども、そうじゃない話も、もちろんいっぱいあります。例えば漁業のことではやっぱり補償の問題はとても難しいですね。原発事故のせいで漁に出られない、魚も売れないということで、東電が減った漁の売り上げを補償してくれるという制度があります。つまり漁に出なくても、震災前の売り上げの多くの部分を東電が払ってくれるから、収入が激減しないということですね。ただ、こういう賠償制度が漁師の再起意欲を削いでしまっているんじゃないかという面もあるわけですね。漁に出なくても収入が安定するなら、漁を再開する理由がなくなってしまうわけです。

漁にいったん出れば、天候などによっては水揚げ量が激減してしまうかもしれない。収入がもっともっと減るかもしれない。ならば、今のまま東電から休業補償をもらった方がいいと思う人もいるでしょう。いわき市の漁業は、震災前から高齢化が進んでいました。70歳でも若手みたいな話です。そうするともう70歳を超えたようなおじいさんが、数年間も船に乗れない、漁もできないという状態になったらどうなりますか？　腰だって辛くなるだろうし、握力だって奪われてることでしょう。感覚だって鈍っちゃう。そんな自分を受け入れるより、東電の賠償をもらった方が楽だし、それだけの権利があると

壁には2011年3月のカレンダーが

考える漁師だっているはずです。

もちろん、東電はそれをする責任があります。ひどい被害を与えたわけだから。でもその賠償が、将来の自立のための賠償にならなければ、いつまで経っても、福島県は「被災地」でなければならなくなる。それは復興とは真逆です。どこかで自立しなければいけない。その時の準備として、今の賠償が有効活用されてほしいと思っています。つまり、賠償が自立を遠ざけるという面があるということです。

最初に、このＵＤＯＫ．という場所が「被災者のための場所」みたいに扱われたという話をしました。メディアによって、外側から「被災地」としての振る舞いを要求される場合があるということです。一方で、反対に内側から「被災者であり続けたい」という構図も生まれているという話をしました。もう一度この話を深めていきましょう。

例えば、いわき市内の地域づくりの助成金がある。復興助成金を使ったものです。すると、この助成金をもらうためには「自分たちは被災者であり、被害を受けていて、それを改善させるために助成金を使いたい」という書面になります。本当はそんなに復興に関係のないイベントも「復興事業」だということにされてしまうということなんです。本当はもう被災を克服した人たちなのに「私は被災者で大変だからお金をください」と言わせてしまってるわけですね。これは被災者の再生産でしかありません。

あとは、似たようなものに「風評被害払拭」もあります。風評被害払拭のために、いろいろな助成金がありますし、特に食の分野では県などのお金を使った新商品開発プログラムなどもあります。例えば、新商品を作る時の開発費を３００万円、県から補助しますよとか。すると自分の身銭を切ってないから、やっぱり商品づくりに本気で取り組まなくなってしまうんです。売れなくてもいいやとか、県から言われたからやるしかないとか、そういうネガティブなものになる。そういう制度を始めると「風評被害が酷いからうちも！」みたいな話になってしまう。風評被害を払拭するための事業なのに、こちらも「風評被害がある」ということを再生産することになってしまうんですね。

こうなると、予算が欲しくて「自分たちは被災者です」と言わなければならなくなります。自分たちは被災者ではない、あるいは被災を克服した人たちのはずなのに、金をもらうために被災者になってしまうということです。これは被災者であることの利権化です。復興という言葉、あるいは風評被害払拭という言葉を叫ぶほどに、より自立から遠ざかってしまうような面があるということなんですね。

この助成金というのは、震災復興だけでなく被災地ではない自治体でも、普通に当たり前にあるものなんですけど、助成金を利用した事業の多くが、助成金がなくなるとダメになってしまう。本来復興予算っていうのは、今は集中的に国の予算を投じるけれども、いずれはちゃんと自分たちでやれるようにしてね、そのための原資にしてね、ということだと思うんです。でも自腹を切ってないから本気になれず、本気になれないから事業がポシャって、そしてその結果、また助成金がほしくなってしまうというような悪循環になってしまう。自立を促す予算なのに、自立できなくなっちゃうわけです。

その意味では、原発もそうです。福島第一原発は6号機まであるんだけど、7、8号機を作るような計画もあったと聞いています。それがないと生きてけなくなってしまうんですね。私は復興というのは自立だと思っていますが、自立できない形になっていると感じています。それって本当に復興の正しい姿なんでしょうか。残念ながら、原発事故が起きたことで、多くの事柄が国の関与なしに動かなくなってきています。どこに行っても、国の役人が目立つようになりました。しかし、国の管理がどんどん大きくなってるということは、それだけ国の意向が尊重されることになるし、本来ならいわき市や福島県が決めるべき問題を、国や政府がそっちの都合で決めてしまうような局面が増えてきます。

最初だけ依存して、あとから自立すれば良いと思っていても、依存構造があまり前に出ると、自立志向は忘れ去られてしまって、依存度をどんどん増すことになってしまいます。できるだけ自立が図れるような地域自治のあり方が、もっと模索されてもいいのかもしれません。これからは、日本全体が縮小していく社会になっていきます。国から言われてやるっていうことじゃなく、地方の当事者がじっくりと熟議し合って決めなければならないことも増えてくるでしょう。

例えば今、多くの人が双葉郡からいわき市に移住してきています。それは原発事故があって、人が生活できないほどの放射能汚染に見舞われたからなんだけれども、この大規模移住は、原発事故だけに限らず、他の限界集落などでも起きるかもしれません。もうこの地区を運営することができないから、町の中央部に移住して下さいというようなことが起き始めています。例えば夕張などもそうですね。そういうシビアな選択と集中をやっていかないといけない。そういうときには、国の関与よりもむしろ、当事者の話し合いのほうが重要だと思います。そういう意味でも、自立マインドというのは必要なんだと思います。

分断を乗り越えるために

しかしながら、地域のことを地域の人たちで決めようと言っても、考え方には違いがあるし、これだという政策をみんなの合意を得ながら決めていくのは簡単ではありません。特に原発事故以降は、放射能に対する考え方や、避難・移住に対する考え方に、大きな分断、隔たりが生まれてしまいました。これは、賠償金、カネによる分断と考えてよいかもしれません。

実際、いわき市というのは、収入が低い人たちが多い。現金で手取りの給料が20万円いかないほうが普通です。みなさん、切り詰めて生活を維持している中で、双葉郡の避難民は何千万も賠償金もらいやがって、みたいな僻みが出てくる。なんでおれたちばかり苦労して、あいつらはカネをもらってるんだと。もともと貧困だった地域が、さらなるマイノリティを抱えることになったわけですね。都市部の人たちは、共生しようと対話しようと言うのだけれど、実際にはそんな余裕がなかったりもします。もしかするとこれはイギリスのEU離脱にも共通することかもしれませんね。社会のしわ寄せが一般市民に及んで、マイノリティを包摂できなくなっている。

しばらく前まで、いわき市に移住して来た人たちの新居に「賠償金御殿帰れ」というような落書きが散見されました。とても悲しいことです。移民は帰れと、お前たちのせいでおれたちに迷惑がかかっているんだと。社会の中に受け入れる潤いがなくなってきているのかもしれません。福島はよく「課題先進地区」と呼ばれますが、世界的な課題すらも福島に集約されて生きている。だからそういうことを学ぶ、解決するための糸口を探すという意味で、福島には学術的な価値があるのかもしれません。

あとは、放射能は安全か危険かというような意見による分断も大きいですね。どうしても「放射能／核」というのは政治的な問題なので、福島の復興も政治的な問題、陣営化に回収されてしまう。原発について何かを語る、それでもう反原発だ、推進だという話になってしまう。そして外野も、そういう声で固められてしまう。本当はもっと濃淡がいろいろあるはずなのに、賛成か反対かみたいな二分法で語られてしまうんです。冷静な議論はなかなか難しくなってきてしまいます。

そういうものを越えていくには、やはり小さな声を聞いていくこと、現場を見ることが重要なんだと思います。私の話じゃなくて、例えば鮮魚店の人とか、農家とか、一般の人たちの声にもっと耳を傾けていかないといけない。そういう声をたくさん拾っていく。声の大きな人の声だけじゃなくね。それから、福島の問題を福島の問題だけで終わらせない、普遍性を発見していくことも重要です。福島の問題は、福島の人だけが考えればよい、となると、他県の人は興味すら湧かないし、福島に来る必要もなくなってしまう。みんなが学ぶべき物があるからこそ、学生たちには福島に来てもらいたい。ならば、福島の問題のどこに普遍的な問題があるのか、みんなで考えなければいけない問題がどこにあるのかを探さなければなりません。

賛成か反対か、みたいな単純な二元論に陥ることなく、普遍性のあるテーマと福島特有の問題をうまく取り出しながら、小さな声に耳を傾けつつ冷静に、どんな未来にしていきたいのか、どういう社会にしていきたいのかを議論していく。そんな土壌をこれから作っていかないと、社会はどんどん分断され、分断されるほど本質的な議論から遠ざかってしまう。どういう未来を創りたいのか、県外に暮らすみなさんにも考えてもらいたいと思っています。

福島の問題は、差別の問題でもあります。何かを語ると、途端に激しい議論に巻き込まれかねない。例えば在日の問題、フェミニズムの問題とも同じかもしれませんね。議論がむちゃくちゃ高度になりすぎていて、気軽に語れない雰囲気になってしまうんですね。すると、議論自体は盛んに見えるんだけれど、中間がばっさり抜け落ちていて、無関心層が拡大していきます。極端な意見だけが残り、他の人たちは話題にすることを避けてしまう。語ることが面倒になっていくわけですね。福島の話をフェイスブックですると知らない人たちからいっぱい議論を吹っかけられた、面倒くさい、もう福島について語るのやめようというように。

例えばみなさんが「今日、福島に来ました。でも私は不安で空間線量心配です」ということをつぶやいたとする。すると、福島のことを不安だというのは、福島を差別することにつながる、学生の責任者を出せ、となって先生が怒られてしまう。もちろん、悪質なデマに対しては違うと声を上げることも重要だとは思いますが、まったく福島について知らない人たちがふと口にしたことまで断罪されてしまうのは健全ではないような気がしますね。個人的には、そうじゃなくて、もっとカジュアルに福島のこと議論していきましょうよ、わからなくてもいい、不安でもいい、福島のことに関心を持ってもらえればと思っています。

確かに福島の問題はややこしいです。みなさんも予習的なことをたくさんしてきたことと思います。福島について語るならこのくらいの予備知識を持っておけよ、というものもあります。でも、それにしたって、外にいるみなさんと、福島にずっと関わり続けてきた私たちの情報量の差は大きいはずです。わたしの知識量が「30」、みんなの知識量が「10」くらいだとして「お前ら10しか知らないのか、もっと勉強してから来いよ」なんて言われたら嫌じゃない？　そうじゃなくて「0じゃなくて10もいってるんですね。そこまで知ってもらってありがとう」って褒めてあげて、もっと考えてもらうきっかけを作らないといけません。

内側にいる私たちと、外側にいるみなさんの情報格差はどんどん広がっていく。そういうときに、関心を集めながら議論をしていくためには、議論を内向きにせず、外部を獲得していかないといけないといけないということなんですね。その意味で、批評家の東浩紀さんたちが震災後に出版した『福島第一原発観光地化計画』という本はとても印象に残っている本です。観光地化する計画自体は突拍子もないかもしれないのだけれど、観客を作り出していくという思想には大きな影響を受けました。

専門家も当事者も大事なんだけれど、そこだけではやっぱり突破できない問題があるんだと思います。だから観光客としてふらっと福島にやってきて、自分たちの言葉で、何の遠慮もなく軽率なこと言ってしまっても構わないと思うんです。観光客というある種の中途半端な立ち位置っていうのはすごく大事です。議論が二元化しているときは、中間にいるからこそ「これってこういうことなんじゃない?」というような、両端がハッとするような意見を出すことができる。そういう余地を残しておかないと、ますます議論が二元化して面倒なことになってしまいます。だからもっとカジュアルに福島のことが語られるべきだし、みなさんも、今日感じたことを、恥ずかしがらずにどんどん発信して共有していって欲しいです。

たぶん、何の色眼鏡もなく、何の前提もないところから語られる言葉だからこそ心の中に届くってことがあるんだと思うんです。今日私が話していることだって、地元の人が聞いたら「あるある」で終わっちゃうけれど、みんなにとっては新鮮な話かもしれない。そして、外にいるみなさんが「それって大事ですね」と言ってくれて気づけるものがあるはずなんですね。福島の復興は、やっぱりみなさんのように外から関わってくれる人がいないと難しいと思います。だって、外の人が福島のことをどう捉えるかで、福島の復興っていうのは変わってくるわけですから。外から関わってくれる人が増えないと、福島は復興しないってことです。つまり、身内の議論だけしても仕方がないってことなんです。

みなさんも、大学に持ち帰った後、いろんな議論をしてほしいし、じゃあ自分の田舎でこんなことができる、自分の今の大学生という立場でこんなことができるとか、自分の生活の中で生かしてみて下さい。福島が遠いなら岡山のモモ農家だっていい。そこに行ってみる。食べてみる。そこでおいしいを味わう。農業のことを知る、流通のことを知る、地域のことを知る。そうやって自分の生活を、人生を楽しくしていくんです。それは福島を考えることに、絶対つながってくると思うんですね。

これから求められていく「コミュニケーター」

さて、今日ずっと話をしてきましたが、やはり「分断」というのが大きなテーマになるでしょうか。分断したままでいいとは思いません。いかにそこを埋め合わせていくのか、そこを埋めていける人が、これから出てこないといけないのではないか、という話を最後にして終わりたいと思います。

震災後、ありがたいことに建築を学ぶ学生が、よくこのＵＤＯＫ．にやってきてくれます。町づくりを学ぶ学生もよく来てくれますし、みなさんみたいに原子力の災害に関して研究している人たちも来てくれます。でも私自身はなんの専門家でもないんですね。ところがこうして来てくれる。これは何だろうと。自己分析してみると、おそらく何かしらの専門的なテーマに行く前の扉とか、橋のような役割が、私にはあるんじゃないかと思っています。専門的な知識をつないだり、あるいは分断を埋め合わせたり、そういうコミュニケーションを円滑にしていくための役割なのかなと思っているんです。

原発事故とその後の社会不安を考えたとき、最も大きな問題は、専門家と一般市民のコミュニケーション不全なんじゃないかと感じています。物理学や医学の知見、これまでのデータなど、科学的に正しいはずの情報が、なぜか伝わっていかない、むしろ分断を大きくしてしまったりしている。そういう場面を多く見てきました。専門家や科学者が「科学的に正しい」と言ったことが、なぜか受け入れられないんですね。そりゃそうだと思います。私たちは「科学的に正しいかどうか」だけを根拠にしているわけじゃないですからね。科学的な正しさだけでは、人は動かないということなんですね。

科学者や医学者は、データでもって説明しなければいけません。絶対に。法則やデータに反する意見を「そうかもしれませんね」なんて言えません。だけれど、データをよく理解できない人たちもいっぱいいるわけですね。そんなときに「そうですよね、知らないこと多いですよね」って寄り添える人たちが、むしろ重要なのではないかと思うようになりました。私も無知だったし、不安だったからです。その意味で、専門的な知見を軸に、一般人の言葉で語れるようなコミュニケーターの存在は重要だと思います。

例えば、ある自治体で美術館を作るとする。美術館を作るために、2〜3年前からコミュニ

たくさんの質問にも答えていただいた

ケーターが入って地域を地ならしするんですね。いろんなワークショップをやったり、コミュニティづくりをしたり。それで美術館が完成すると、そこである意味鍛えられた人たちが、主体的に美術館に関わるようになるんです。美術館が完成することより、むしろそうしたコミュニケーターによるコミュニティ形成のほうが価値が大きいんじゃないかっていうくらい。地域の人たちの間に入って、様々に専門的知識を伝えていくコミュニケーターの役割は、震災後、原発事故後の日本でも求められる存在だと思います。

そういうコミュニケーターがいないと、美術館の建設に関われる人たちって一握りしか生まれません。設計者、自治体職員、建設業者とか。そういう状態で「はい、美術館できました」って言われても、与えられるだけになってしまう。主体的なプレーヤーを育てるためには、当事者を増やすことが必要なんですね。その意味では、もしかしたら、１００億円かけて美術館を作るより、１００万円でできる小さな美術館を１０００カ所作るようなイメージで、小さな美術館をたくさん作ったほうが文化資本は豊かになるんじゃないかと思うんです。だってそのほうがプレーヤーが多いわけですから。

大きいのがボーンとあるよりも、小さいものがたくさんあって、それが生態系を作っているというほうが多様性があって豊かだと思います。大きな物は効率もよくて経済性も高くて、たくさんの雇用を生んで、そして安心安全ですと。でもそれを推進してきた原子力発電所が事故を起こした。大きなシステムへの依存は、それが破綻したときの影響が計り知れません。大きな一つよりも、小さな集まりをつくっていく。それを目指すからこそ、こういうＵＤＯＫ．のようなオルタナティブスペースを作ったんです。こういう場所が、あちこちにある町って、絶対に面白いと思うんですね。

もしかしたら発電所だってそうかもしれません。小さな発電所をあちこちに作っていけば、そこで事故が起きても消防だけで対応できる。避難する人だって最小限にできるはずですし、発電に関わる当事者が増えれば、電気の使い方も変わってくるかもしれません。小学校の学区に一つくらい発電所がある、そんな形で分散させていくほうがヘルシーだと思っています。

そういう小さな社会、ローカルな自治を実現していくためにも、コミュニケーターは欠かせないと思っています。専門知識やデータというのは、ローカライズされていないものだけれど、そうした知識やデータにどんな意味があるのかを、その地域に伝わるような言葉で伝えないといけません。それは専門家の仕事じゃないような気がするんですね。専門知識と市民との橋渡しをしていく。本来は、それをメディアが果たすべきだと思うけれど、メディアを当てにしていてもしょうがないので、やれる人がやったらいい。おそらく今後は「社会学」を学んできたような人たちが、そうしたコミュニケーターとして地域に入っていくことが求められていくと思います。

データや科学的知見というのは、やっぱり冷たいものなんですね。どうしても「数値」が出て来るだけ。しかし本来そうあるべきでしょう。そこにどんな意味があるのかを、上から教えられるのではなく、自分たちでアクセスして学んでいく。上から学べって言うんじゃなく、下から一緒に学んでいきましょうという姿勢で「俺もわからないし、一緒に学んでいこう」という立場で関われる。それは専門家にはできないんです。専門家じゃないからこそ、やれるアプローチなんですね。科学的なデータと漠然とした不安を繋ぎ合わせるものがないと、原発事故による分断は越えられません。そういう自立的な学び、自立的な地域との関わり合い、こういうものが増えていくことで、大きな物に依存する社会から少しずつ抜け出していく。それがわたしのテーマです。

今日は、震災復興について話をしながら、実際には、こんなふうにしたら自分の人生が楽しくなるんじゃない？って話をしたつもりです。つまり、震災復興と人生の充実は、実は重なってくるし、そうじゃなきゃやる意味がないんです。福島のために頑張ろうなんて思わなくていい。自分の人生を豊かにすることと、福島を考えることがちょっとでも繋がってればいい。その意味では、わたしが今日話したことも、真面目にメモする必要なんてなくて、どこかで、ああ、あんな話してくれたっけなって、思い出してくれたらいいです。そのくらいの関わりのほうが、長く続くんじゃないかな。

分断を乗り越えるには――いわきの町を案内しつつ

小松理虔（UDOK.）

小名浜地区

　小名浜からバスに乗っていわきを巡るときは、最初にどうしても案内したい場所があって、それは地元の小名浜の歓楽街、風俗街なんだけれども、小名浜はそういう町なんです。今もあそこに看板が出てるけれども、あの辺りが風俗街です。２００カイリの問題が出て来るまで、日本の漁業はもっとロシア、旧ソ連側に大きな漁場を持っていて、そこで北洋サケマス船が大活躍していたんですね。サケマス船が儲かる時代、それ以後も、昭和30年とか40年ぐらいまで小名浜港はとても賑わっていました。その時代に風俗街もできたんですね。

　震災後は、例えば東京にも吉原というところ、そこはかつて遊郭が多かった場所だけれど、そういう東京の風俗街からも「小名浜なら儲かる」って話が出て、だいぶ出稼ぎに来たそうです。ある劇作家の人が震災後に小名浜にやってきて、そしてソープランドでの悲喜こもごもをドラマした『泡』という演劇作品を作りました。こういう場所だからこそ、震災の陰と陽が如実に出てきたりするんですね。震災直後は、作業服を着たような客が多く歩いていました。飲食店などもかなり儲かったみたいですが、今はもう落ち着いています。

この奥にいわゆる風俗街がある

みなさん、今日初めていわきに来たと思うんですけど、いわき市はかつては全国一面積の広い市でした。平成の大合併で1位ではなくなってしまったけれども、一つの県といっていいくらいの広さがあります。西部の山間部、中央には常磐線沿いに市街地があり、海沿いには港町があって、それぞれライフスタイルも歴史も違います。昭和41年に15市町村が合併してできた市で、今年で合併50年。私たちがいる小名浜地区は、いわき市内では2番目に大きい市街地で、市の中心はいわき駅のある平地区です。平地区と小名浜地区では、ライフスタイルが違いますし、産業も違いますね。だから同じ市なんだけれど、もともと合併前は違う市だったので、一体感はあまりないのが現状です。山間部のほうに行くと、魚だってあまり食べない地域もあります。

福島県も同じです。全国で3番目に広い県なので、みなさんが考える以上にいろいろな町があるし、それぞれの文化や歴史があります。例えば会津という地名は、みんなも聞いたことがあると思うけれど、全国的にも有名ですね。戊辰戦争の舞台でもあるし、大河ドラマ「八重の桜」というのも放映されましたね。その会津のあるところは、会津地方と呼ばれていて、福島市や郡山市のある県の中心部は中通りと呼ばれます。そして、いわき、原発のある双葉郡、相馬市などがある海沿いの地区を浜通りといいます。浜通り、中通り、会津、この3地方で福島県です。本当に大きくて「福島県」と一括りにするとわからなくなりますね。

さて、目の前には小名浜の下神白地区の復興公営住宅が見えてきました。道路を挟んで右側がいわき市の市営の復興住宅。津波に被災した人たちが暮らす住宅です。そして左側が県営の復興住宅。原発事故で避難してきた人たちの住む住宅です。実は、同じような住宅に見えるけれども、管轄が県と市では違うので、サポート体制が違うんですよね。県の方は県のお金が出て、コミュニティー支援員とかが入って、団地のじいちゃん、ばあちゃんたちを元気づけるようなイベントをやったり、炊き出しをしたりしているんだけれども、市の方はそこまで予算が取れないようで、あまり積極的には支援活動が行われていない。つまり、県と市で、支援に差が出てしまうということなんですね。それが微妙な感情的な軋轢になる場合があります。

海が見えない浜辺の町

永崎海岸というところにやってきました。すでにこの辺は防潮堤工事が終わっているところもありますが、防潮堤のせいで海が見えないところが増えました。前は多くのサーファーが来たりしていました。小名浜からの距離が近いので、小名浜の人たちはこの海岸でよく泳いで

防潮堤の上から陸側を見る

いました。私が中学校の時も、夏休みはほぼ毎日チャリンコで来て泳いでたところですね。問題は防潮堤です。地元の人にとって、海が見える眺望っていうのは大事です。もちろん観光客にとっても大事です。ところが、やっぱり安全、防災っていうのを突き詰めると、こういうコンクリートの壁を作らざるを得なかったのでしょう。苦渋の決断だったのかもしれないけれど、いつの間にか工事が決まってて、そしてこういう形になってしまった。どのくらい地域の人たちの意見が採用されたのかはわかりません。

よく考えると、福島県のいわき市って東北で一番南なんですが、ここから岩手の一番北まで防潮堤が続くということなんですね。何百キロとずーっと続くわけです。遊歩道にしたり、防災緑地、公園にしたりして見た目にはきれいになるのかもしれないけれど、やっぱり海が見えないというのは、大きな損失だと言わざるを得ない。もちろん、住民の安全を考えると防潮堤も止むなしなのかもしれないけれども、もう少し考えられなかったもんかなあと思うことがしばしばあります。

防潮堤工事は、地元の土木業者などに莫大な仕事をつくりました。防潮堤というのは巨大な公共事業なので、それによって地域が活性化するという面も確かにあると思います。でももしかすると短期的なものかもしれない。最終的には地域の魅力がないと、若い人たちも移住してこないし、住む人がいなくなって、防潮堤だけが残るのかもしれない。やっぱり外から来る人が、もしこのあたりに移住するなら「海が見えてきれいだ」ってことが大きいと思うんです。地元の人もこのあたりの魅力は海だと知っている。けれども、その海が見えない。海が見えないところに若い人は引っ越してこない。このあたりは市内でも高齢化の進んでいるところだけれど、やがて住む人がいなくなる。なんのための防潮堤だったんだろうと、その頃になったら考え直すのかもしれません。

ものすごく難しいジレンマだと思います。やっぱり防災のために、防潮堤作って欲しいと言う声は非常に多い。ただ、それをすると、たぶん他の地区に負けちゃうんですね。海が見える所に引っ越したい。でも福島は見えない。じゃあ瀬戸内行くかというような。復興したとしても、地域間競争に負けてしまう。するとやっぱり衰退は止められない。被災地だから今は一時的に資本が投入されているけれど、それが終わったら、厳しい競争の時代です。地域の魅力がないと、なかなか外から人が来てくれません。そのことまで頭に入れていたら、もう少し違う防災のあり方もあったのかもしれない。けれども短期的に防災を組み込まないといけない。だから防潮堤ということだったのかもしれません。

いわき市江名地区というところに入ってきました。茅葺き屋根の建物なども残る古い港町です。魚市場などもありましたが、津波の被害を受けてしまいました。おもしろいのは、神社や寺院というのは高いところに作られていて、津波の被害を受けていないということですね。ちゃちゃんと昔の人は分かってたんでしょう、この辺りは津波が来るかもしれないってことが。ちゃんと言い伝えがあったり、石碑が残ったりしているんですね。こんな津波があってここで何人が亡くなったと。それが歴史を引き継ぐということのはずだった。ところがやはり明治以降、引き継がれなくなってしまった。一旦遮断されてしまったんですね。「千年に一度の地震」なんて言うけれど、災害というものは数百年スパンで見ていかないといけない。それなのに、ほんの100年前の歴史になかなかアクセスできなくなってしまったんですね。

例えば万葉集などを見ると、災害で亡くなった人に対する想いを詠った作品が残されているそうです。そうやって災害の歴史や死者の存在を受け入れて、歴史を引き継ぎながら地域を作ってきたんですね。ところが現代では、防潮堤をどかっと作って終わってしまう。これだけ大きいのを作ったんだから大丈夫だろうと。しかし果たしてそれでいいのか。それはまた単なる安全神話なんじゃないか。しっかりと歴史を引き継いで語り継いでいくためのものがないといけないのではないか、と考えたりもします。

原発ニュースに消された津波被災地

ここから坂を下っていくと、いわき市豊間地区に入っていきます。今日の目的地の一つです。本当に、このあたりはいわきで一番海の美しいところですね。ところが、海沿いの町が甚大な被害を受けてしまいました。被害が大きかったにも関わらず、震災当時、全国的なニュースといえば、ほとんど原発事故ばかりでした。いわき市の中にもっと支援が必要な地区があったんだけれども、原発事故報道でかき消されてしまったんですね。そして支援も人もなかなか入ってこないという状況が続きました。原発報道に隠れてなかなか報じられず、注目も浴びず、支援に差が出てしまう。メジャー被災地との格差が生まれてしまうんです。これはなかなか報じられませんでしたが、大きな問題だったと思います。

豊間地区では、新しい住宅地の造成が始まっています。防潮堤を作るだけでなく、地区全体をかさ上げしています。ただ、古い寺院などはかさ上げできないので、あそこに見えるように、こちらから見るととても低いところになってしまった。寺院のあるところの高さがもともとの町の高さなんだけれど、かさ上げして高くなったことがわかると思います。そして改めて、震災から5年が経過しても、家がまだできあがっていないという事実。こんなにも時間がかかるんだなって思いますよね。多くの人はまだ復興住宅に住んでいて、終の住処というわけではありません。絶句しますよね。

そして新しく作った宅地に、みんな戻ってくるわけじゃない。現状100世帯分ぐらいの土地が余ってしまうそうです。さきほどの話とも重なるけれど、地域間競争しながら、若い人たちの移住を促していかないといけないということです。本当にシビアな地域づくりをしていかないといけない。大変ですよ。もし、もっと早期に支援を呼びかけられたら、ボランティアが多く訪れていたら、また違った未来が描けたかもしれない。だけれども、福島の多くの津波被災地が、原発報道に隠れてしまった。

津波があって3年目くらいまでは住宅の土台が残ってたから、ここに人が住んでいたという証明になりました。ところがもう今となってみると、どこに何があったのかはわからないし、元々ただの野原だったのかもしれないと見えてしまう。後世の人たちは、ここで津波があって多くの犠牲が出てしまったことを、知らずに育つのかもしれません。何がここで起きて、どのような被害があったのか。それを示すのは、たぶん石碑とか記念モニュメントくらいでしょう。だから、ここでも震災遺構として中学校を残す計画があったんです。ところがやっぱり「壊れた中学校は見たくない」と、そういう声があがって、壊してしまったんですね。

ある人はそういうものを残すっていうのは50年後、60年後、１００年後、２００年後のために残すんだと言っていました。そうだと思います。何のために残すのか。それは未来のためですよね。宮城県の南三陸のあの防災庁舎は、残す、残さないという決断自体を先送りして、30年ほど県が管理をしたあと、その時に決めましょうと、そういう方法を採ったんですね。私もそういう考え方は重要だと思います。どうやって後世に残していくのか。壊してしまったらもうどうしようもないんですね。ただ、それも壊してしまった。ならば、何をどう残していくのか、それを地域の価値にできるようにしていかなければなりません。

その意味でも、町づくりのビジョンを明確に描きながら、町を再建しなければなりません。それはさっきから言っていることですが、復興・復旧したあとに、どういう町を作るのか。それをハッキリ意識していかないといけない。例えばこの豊間であれば、高齢者しか残っていないのだから若い人たちの移住を促すような独自の地域づくりをしていかないといけません。

双葉郡の町村も同じです。これから地域を作っていこう、じゃあどうやって人に移住してもらうのかと。人口が少ないままでは税収もなくなりますから自治体が運営できなくなる。そう

岬の上に見える塩屋埼灯台

いう意味では、四国や九州の山奥の町とか、田舎はみんな同じなんです。そういう意味でも、地域間競争なんですよね。そう考えると福島はまだいいかもしれない。ネガティブなイメージもあるけれど、福島なんて良くも悪くも有名ですからね。海、サーフィン、豊かな自然や日照などフックはあると思う。

豊間にある「塩屋埼灯台」という灯台は、みんなは知らないと思うけど、昭和の歌姫、美空ひばりさんの「乱れ髪」という曲で有名です。歌詞の中に「塩屋の岬」って言葉があるんですね。それで、年配のみなさんが美空ひばりの石碑を拝みに、全国からやってきます。やっぱりいい歌ですよね。これからの時期、太平洋はもっときれいになっていきます。やっぱりこうやって海を見ながらまったりと暮らしたいっていうニーズはあるんだろうなと思うんですね。この海の美しさを、どう地域に活かしていくのか。そういう意味でも、今後の豊間地区には注目しています。

塩屋埼灯台を越えて北の地区が薄磯地区です。ここも、住宅が山際までたくさん並んでいた地区です。中学校もあったところで、すごくいい雰囲気の小さな海沿いの町でした。陸地に立っていると、海が見えるから防潮堤の高さをさほど感じないかもしれないけれども、ここも陸地そのものがかさ上げされているので、海から陸を見ると、ほとんど何も見えません。万里の長城みたい防潮堤がそびえ立っているように見えるんですね。陸から見ると、そこまで高くは見えないんだけどね。

この地区の再建も、山を削って宅地を造成することからスタートします。これはとても難しい話だけれど、造成したために町並みが全部変わってしまったんですね。慣れ親しんだ人たちにとって、風景の喪失というのは「第二の喪失」と言っていいかもしれない。もともと津波で町が壊されて、今度は町の再建のために里山を切り開いてしまう。防潮堤を作らざるを得ない。必要なものなのは分かるけれど、これは二度目の喪失なんだろうと思うんです。しかも二度目の喪失は、自然災害ではない。人の手で行われるものです。

復興という言葉はとても難しいですね。全てがポジティブな言葉ではないと、わたしは思っています。「復興のためですから頑張りましょう、これも地域の復興のためです」という言葉がプレッシャーになって、必ずどこかにしわ寄せがきたりするんじゃないかと思うんですね。復興のためだから仕方がない、これも町の復興のためだ、というような、ある意味では後ろ向きな同意によって、いろいろなことがうやむやなまま決まってしまった。そしてもう喪失した物を取り戻すことはできないということなんですね。

難しいのは、薄磯という地区が、これはさきほど紹介した豊間もそうですが、いわき市の一つの地区でしかないということなんですね。例えばここがいわき県薄磯町だったら、もっと自分たちのことを自分たちで決められたかもしれない。一地区なので、ある程度市の意向が汲み取られるだろうし、計画策定のためのスケジュールも合わせないといけないだろうし、すべての住民が納得した上で決めるというのは、難しいかもしれませんね、特に震災直後のあの時期は。

復興公営住宅に残る人もいれば、新しく造成されたところに家を新築する人もいます。市内の別のところに家を建ててしまった人もいます。選択はそれぞれです。しかし事実として、かつてここに住んでいた世帯がみんな戻るわけではない。集落の人口は激減してしまいます。そして残る人の多くは高齢者です。被災地は日本のほかの地方自治体が抱えるような問題が、他県よりも激しく出てきています。だから福島のことを「課題先進地区」と呼んだりするんですね。そしてそれは高齢化問題も一緒です。被災地だからこそ、高齢化が急速に進んでいるんですね。

若い人たちは、通勤や通学が楽なところに住みます。それは仕方がない。一度ほかの地区へ移住して、そこで生活が馴染んでしまったら、豊間や薄磯には戻ってきません。するとどうしても、その地区を再び活性化するには、若い人たちに移住してきてもらわなければならなくなります。しかし残っている人が高齢者ばかりだから、若い人たちに訴えかけるようなビジョンを提示することすら難しくなってしまうという、とても難しい問題ですよね。

中央台周辺につくられた仮設住宅

さまざまな分断

今走っている県道15号線という道路を北上すると、いわき市四倉町、さらには久之浜町と、津波で甚大な被害を受けた地区があります。北の久之浜町は、原発から20～30キロ圏内に入るし、当初は避難指示が出た地区でもあります。いわき市の合併前は双葉郡の町だったところなので、さまざまな分断があったと聞かされています。賠償の有無などによって、軋轢が生まれたのでしょう。30キロと30・1キロで線が引かれてしまう。そういう残酷さがありました。どこかで線を引くしかない、それは理解できるけれど、その線によって生まれた軋轢や分断、混乱というのも、原発事故が引き起こした被害と言ってよいと思います。

それから分断と言う意味では、データによる分断というのもある。あるデータや数値が出たときに、それをどう受け止めるかで社会が分断されたわけです。何シーベルト、何ベクレル、そういう数値が出てきました。数値というのは余白がない。

とてもハッキリと現実を告げます。だからこそ重要なのだけれど、その分とても冷酷な感じがしました。一方でジャーナリズム、いわゆる文系的なものも、暴力的に何かを論じてしまう。刺激的な文言が並べば、それだけ傷つく人もいるわけですね。理系も文系も、どこかでハッキリとなにかを峻別していく。そこについていけない人は、誰からも支えられないままこぼれ落ちてしまうんですね。

それからさきほど紹介した、賠償に関する分断も非常に大きいです。その分断が比較的ハッキリと見た目にも出てしまっているのが、いわき市中央台です。もともといわき市最高の高級住宅街だったはずのこの町に、何千という仮設住宅ができ上がり、何千世帯という人たちが引っ越してきました。地道にまちづくりに励んできた高級住宅街に、いきなり着の身着のまま、よその人たちが入ってくる。そこに違和感を覚える住民は少なくないはずです。双葉から移住してきた人たちは、いわき市のインフラを使っているんだけど、いわき市には市民税を納めていません。ゴミ捨て場、水道、公共機関、そういったところに税金を払っていない。でもそれを使っていいことになっている。住民のフラストレーションが溜まるのも理解できます。

山の上に仮設住宅村が見えてきました。そして道路を挟んだところには、高級住宅街が見えます。道路を挟んで、まったく違う現実が広がっている。あまりにも残酷な景色だと思います。同じ地区に住んでいながら、完全に住み分けされているんですね。片方は避難してきた人たちが住む仮設住宅。そして片方には、数千万円の邸宅。強制的に異物が挿入されてしまったというように見えます。道路を越えた交流は、ほとんどないのではないでしょうか。そしてまた、片方は多額の賠償金を手にした人、また片方は、何の賠償もないのに、そうした被災者を

「支える」ことを求められる人たち。この光景が日常となった今、こうした問題は報道で取り上げられることもなく、しかし分断は静かに進行しているんですね。

それだけじゃありません。同じ仮設住宅でも、木造とプレハブでは住み心地が異なりますから、どういう仮設住宅に暮らすかでＱＯＬが変わってしまうし、そこにもまた不公平による小さな分断が起きます。避難者の中にはこの中央台に土地を買った人もいるかもしれません。しかし隣近所に「自分は双葉から来た」とハッキリと伝える人は少ないでしょう。聞けば、双葉から避難してきたことを隠しながら暮らしていらっしゃる方も少なくないそうです。大変な思いをして暮らす場所を奪われた人たちが、自分の出自を隠しながら暮らしている。あまりに悲しい話だと思います。

そして、この仮設住宅村のすぐそばに結婚式場もあるんですね。幸せの絶頂を迎える場所と、日常生活を理不尽に奪われた人たちの暮らしが隣り合っている。町の歴史やコミュニティや、そこで暮らす人の心の絆のようなものをズタズタに引き裂いて、そして移住先でも心の軋轢を生み出してしまう。心のストレスは本当に大きいと思います。こうした分断を、原発事故は生み出してしまうわけですね。

そしてまた、それぞれの仮設住宅には、そこに入居している人たちの暮らしていた町村が表示されます。広野町とか、楢葉町とか。つまりどこの町の人が来てるかということが町の人にわかるようになっている。するとここで何かトラブルが起きたら「どこそこ町の人らしいよ」というような声があがって、それが町村全体に対するイメージ悪化につながってしまうんですね。非常に難しい。そして例えば、仮設住宅の駐車場に高級車がたまたま泊まっているとする。それを見た人が「賠償金で買ったはずだ」と思ってしまう。そんな車なんて買ったって構わないと思いますが、そういうこと一つひとつに心を尖らせてしまうような状態にあったわけですね。

昼間に酒を飲んでいる人を見れば「避難民じゃないか?」とか、病院が混んでいれば「避難民が引っ越してきたせいだ」とか、何らかのトラブルの原因がすべてそこに集約されてしまう、そういう存在に被災者がなっていく。あるいは、震災前だったら全然気にも止めなかったことが、今では賠償金を思わず意識してしまう。それは悲しいことです。なぜそのような形になったかと言えば、やはり移住や賠償にどこか問題があるからでしょうし、あまりにも唐突な移住と、その受け入れを強制してしまったからだと思います。

分断を乗り越えるために

さきほど文系と理系の話をしたけれど、数値や言葉で生まれた分断を乗り越えていくためには、思考の余白を作り、様々な解釈を受け入れられるような柔軟な心の多様性を取り戻すことが重要だと思います。そこで鍵を握るのは文化や芸術の力だと思います。芸術作品は答えが一つではないし、見え方も捉え方も人それぞれですよね。そういうみんなの答えやみんなの感想を大事にできる体験を増やしていかないと、他人をどんどん峻別して、あいつとおれは違うんだと、そういう意識になってしまいます。だから解釈を多様化させて、それぞれの違いを受け入れられるような芸術を、地域に取り入れることは大事だと思います。

本来は、そうしたソフトな文化政策が人々のコミュニティ形成を促し、そのコミュニティがいざというときの防災力になるんだと思います。しかし実際には、そのプロセスを無視して画一的な防潮堤を作ってしまった。結局、そこに経済が生まれるかだけで判断されてしまうんです。芸術も文化も土木にはかなわなかったということでしょう。これまでの文化や歴史を引き継ぐことなく、ドーンと防潮堤を作ってしまう。里山を削って、そこにあった風景を破壊してしまう。土木は本当に強烈ですね。すべてをスクラップビルドして、さらには雇用も経済効果も生んでしまう。もっとも、完成後はわかりませんが。

そして、数値やデータや金銭的問題に隠れた小さな物語を探し出していく。耳を傾けるということを忘れてはいけないと思います。私もそうですが、やっぱりなんだかんだでポジティブなことを言える立場なんですね。そして、すでにもう被災者ということを脱出しています。でもまだ苦しい生活を余儀なくされている人や、辛い思いをしている人たちが大勢いるわけですね。そしてそういう人たちこそ、社会的な分断の犠牲にもなっているわけです。福島に関する議論は、どうにもこうにも政治的な色合いがついてしまって、何かを語ること自体がとても面倒なことになってしまったけれども、やはりまだ震災と原発事故は地続きでいる。もっと小さな声に慎重に耳を傾けていく必要があると思います。

さらに福島について関心を持ち、何かを語ることを恐れないということも伝えておきます。専門的な意見や、政治的に偏った意見しか聞かれなくなったら、それは中庸の撤退、つまり風化です。風化を防ぐには、みなさんのような、ちょっと福島に関心を持ち始めた、関わり始めたという人こそ、発言すべきなんですね。こういう状況で下手なことを言うと、お前は何を学んできたんだと怒られてしまうかもしれないけれど、どんどんカジュアルに、福島に関わってもらいたいと思っています。今回、見て聞いて感じたことを友人や家族に話してみたり、ＳＮＳで何らかの意見を発信するなど、それぞれがそれぞれに感じたことを発信していく。それができたら、絶対に風化はしないと思います。ぜひみなさんも、個人の関心と福島とを重ね合わせて、長くこの福島に関わりを持ってもらえたらと思います。

みんな原発に振りまわされてきた

里見喜生（さとみよしお）（古滝屋代表）

事故当時の旅館の様子

こんにちは。古滝屋の代表をしております里見喜生と申します。あの日（２０１１年３月11日）の神戸は、震度はどのくらいありました？　ここは震度６弱でした。電気、ガス、水道、そして固定電話から携帯電話まで一瞬にして使えなくなりました。みなさんは、阪神大震災は経験されてない世代ですか？　（学生「生まれる前のことでした」）そうですか。普段、当たり前のように使っているものが一瞬にして使えなくなるんですね。水道などは1カ月間使えない生活をしました。いつもあたりまえにある物がどれだけ大切なものかを心から実感した瞬間でした。

この古滝屋という旅館は、元禄８年の創業なものですから、今年（２０１６年）で３２１年ですね。僕は昭和43年生まれで、48歳になりましたが、20年前からこの旅館を切り盛りしています。ここを継いだときには、スタッフが１００名ほどおりまして、毎年、高卒や大卒の方を10名ほど採用するようにしました。それまでは新卒の方は採用してなかったのですが、僕の右腕、左腕をつくりたいという思いもありまして。

そんな若いみんなが力になってきた15年目が２０１１年で、地震があって、原子力発電所が爆発しました。当時は140名のスタッフがおりました。当日は金曜日だったので、200名ほどの予約をいただいていて、到着された方が50名ほどおられました。スタッフがみんな頑張って、お料理を提供して、翌日、みなさんをけがもなく送り出すことができました。

お話される里見さん

次の日は、福島第一原発の水素爆発があった日です。ただ、いわき市にはその情報が入ってきませんでした。ツイッターなどをみると「すぐ日本から脱出したほうが良い」というものから、「単なるアクシデントなので大丈夫だよ」といった具合のものまで情報は錯綜していました。次の日も爆発があって、その次の日も爆発がありました。町の人やスタッフがどういうふうに感じていたかというと、長崎や広島に原子爆弾が落ちて、町が焦土化する、焼け野原になる、そして放射線というのは体を火傷、ケロイドの状態にしてしまうのではないかというイメージをもっていました。うちのスタッフも僕が指示したわけではないですけど、サッシとかにガムテープを貼ったりしてました。当時は、原発が爆発するということの意味がわからない、でも怖かったんです。

スタッフとの共同生活から群馬へ

この旅館がシェルター代わりになるだろうと、スタッフのご家族、スタッフに引っ越してきて良いですよと話をしました。それから50名ほどでの共同生活が始まりました。そのときは旅館としては稼働していなかったので、みんなに割れた食器を片付けてもらって、崩落した天井を片付けてもらったりしました。

その後、群馬県に伊香保温泉という有名な温泉地がありまして、友達何人でも引っ越してきて、泊まっていいよと言われたものですから、マイクロバス2台に50名で乗って、朝出発しました。いわゆる「脱出」をしたわけです。忘れもしない3月17日のことです。なぜ覚えているかというと、僕の次男の誕生日だったんですね。次男は当時小学6年生でした。卒業式を目の前に控えていたんですが、結局卒業式は体験できませんでした。今は高校3年生ですが、家族も一緒にここから出ました。あの時、位牌ってありますよね、僕は、それを持って行っていたんです。もしかしたらこのいわきには戻れないんじゃないかと思ってたんでしょう。それくらい無我夢中だったんです。

みなさん記憶にあるかわからないですが、ヘリコプターが原発に向けてシャワーかけてるシーンがテレビで流れました。あの頃、僕は群馬県に行ってました。

いわき市にもどって避難者の支援を

ただ僕は、1週間ほどでいわきに戻りました。母と妹を残していたものですから。しかし戻ってきたのはいいんですが、沿岸部の特にいわき市内の旅館50戸、小・中・高すべての体育館で、みんなが毛布にくるまってうずくまっている状態でした。それを見て、ちょっと言葉を失いました。それまで旅館の状況とか原発の状況は、ニュースなどで確認していましたが、目の前にそんな状況があったんです。双葉郡は約7万人の人口がありましたけど、いわき市に3万人くらいが引っ越してきていたんですね。いわゆる「避難」です。

福島県内で言いますと、今も8万人の方が自分の自宅に住んでいないという状況で、そういう生活は今なお進行中です。僕はそれから夏にかけてずっと、毎日体育館に通い、炊き出しをしたり、水が供給できていないところにポリタンクを運んだり、それからあの時は放射線の状況もわからなかったので、マスクして家の中にいるんだよと、体育館の中でしか遊べなくなっていた子どものお世話をしていました。

悩んだ、古滝屋をどうするか

この旅館の一番の「売り」は、ここから10キロ先に小名浜という港がありまして、そこから直送される新鮮なお魚を提供するということでした。もう一つ、3世代の旅行に人気がありまして、おじいちゃん、おばあちゃんの還暦祝いとか、退職祝い、若夫婦やお孫さんも一緒に泊まっていただいていたんです。

それが、小さい子どもには危険な場所なんじゃないかということで、敬遠されてしまいまして、今まで利用してくださった関東方面のお客様が、箱根や伊豆に向かうようになりました。そうすると体の一部をもぎ取られたようになってしまいまして、僕ももう自分の好きなような旅館経営ができないんじゃないかと悩みました。そして7月、8月でやめようかと思ったり、あるいは箱根や別府温泉の友だちから引っ越してきたらと言われて悩みました。

いわきのこの場所を置いて、新しい生活を他の地域で、新しい旅館で、再スタートした方がいいのか。ここに残っていても、旅館がこのまま動かないのではどうなるかわからない。毎日のように、旅館の裏側にお墓があるんですけど、崇禅寺というお寺に行っては先祖にいろいろ聞きました。うちの父親だったらどうするのかと。
旅館というのは３００年も続いていると、いろいろなことを体験しているものだと改めて知りました。第２次世界大戦のときも続けてました。その前には、戊辰戦争というのがありました。会津の「八重の桜」という大河ドラマをご存じでしょうか、幕末の新選組と幕府側の最終決戦で、会津軍が幕府側で、新選組に対して抵抗するわけです。会津の人からすると福島の正義ということでやってたんですけど、新選組が強くて、どんどん攻めこまれて、ここの旅館も丸焼けになっています。その後、石炭の採掘が国策になって、その時には、石炭1トン掘るのに温泉を４トン吸引しなくちゃいけなくって、温泉の水位が下がってしまう。そういう時期もありました。

そうやって温泉の無い時期もあって、丸焼けの時期もあって、戦争の時代もあって、この古滝屋に千ページの歴史があるとすれば、僕もそのいろいろな歴史の1ページになればいいのかなと思えました。それで光が差したような気持になって、福島という土地で、自分にできることをやっていこうと。そのタイミングでＮＰＯも立ち上げて、障害のある子どもたちを一時預かるといったことも始めました。

いわきの旅館は作業員の宿泊拠点に

湯本温泉全体、いわき市の観光はどうなったでしょう。原発作業員、除染作業員、他にもいろいろな現場作業員がいて、今は1日あたり7千人と言われています。その人たちが、第一原発では修復作業や汚染水タンクの組み立てなどをやっています。事故の当初は、応援部隊とし

古滝屋320年タイムトラベル

東日本大震災

ホテルを襲った東日本大震災

震災は未曾有の被害と悲しみを生んだ（豊間地区）

開業以来最大の苦境

平成23（2011年）年3月11日午後2時46分。いわき湯本温泉を震度6弱の大きな揺れが襲った。東日本大震災である。市内の広範囲で停電が発生し、古滝屋も主電源を喪失。旅館内の電源はすべて非常用バッテリーに切り替わった。水道とガスも止まり、お湯を運ぶ配管に亀裂が入ったり、10階にある150帖の大宴会場の天井が外れ落ちるなど建物にも被害が及んだため、旅館は大混乱に陥るかに見えた。

しかし、スタッフは慌てず事態に対応した。その日の宿泊客は50名。皆が不安な夜を過ごしたが、お風呂のお湯は無事で、宿泊客は体を洗って温まることができた。料理も、仕込みが終わっているものがあったため、鍋用のカセットコンロで温め直し、宿泊客に提供した。エレベーターが止まっていたため移動は不便だったが、薄暗い非常用誘導灯のもと、スタッフ総出で宿泊客を誘導した。1人のけが人も出すことなく、次の日には宿泊客全員を無事に送り出している。

古滝屋320年タイムトラベル

社員を集めての緊急ミーティング

しかし、3月12日からは、東京電力福島第一原子力発電所で立て続けに爆発事故が発生するなど、事態はさらに混迷を深めた。3月28日には、全社員を緊急召集し、16代当主の里見喜生、および女将の里見明子よりすべての社員に「業務よりも家族の安全を優先すべき」との談話が発表され、それが事実上の「解散宣言」となってしまった。旅館は営業できる状態になく、原発のある双葉郡内や、津波被害を受けた市内沿岸部に住む社員とその家族のための「避難所」として使われることになった。

若い社員の中には、放射能汚染への懸念から県外への移住を決意する者も多く、社員はバラバラになってしまった。すでに解散宣言を出した後であるため、営業もできない。このため、沿岸部や原発の復旧工事にあたる作業員を受け入れることもできなかった。温泉地が復旧の最前線基地として活気づく中、湯本温泉を代表する旅館であった古滝屋は、極めて苦しい局面を迎えた。320年の歴史最大の「廃業」という危機である。

古滝屋の320年史誌から

て全国から集まってもらっても宿泊する場所がない。そこで、このいわき湯本温泉やいわき駅前にあるビジネスホテルなどが、宿泊基地になりました。

古滝屋はそのときまだ機能していませんでした。それから作業員の方ではなくて、もうちょっと別のお客さんを泊めたいと思っていました。30軒ほど旅館があったんですが、どういうお客様を泊めるかというのも分かれていきましたね。とりあえず、観光客はゼロです。爆発した第一原発から、ここはちょうど50キロの距離になります。

福島県内の他の地域の旅館はその年の夏ぐらいまで、避難者を泊めていました。夏になると仮設住宅がたち上がってきましたので、どんどんそちらのほうに移りました。でもこの湯本温泉やいわき地区の旅館、ホテルというのは作業員の数が減りません。ずっと泊まっているのは作業員の方々でした。ただ、今年に入って作業員の宿泊拠点が北の方に移りましたから、今はそれほど泊まっていません。でも、そのために残ったのは本当に空き旅館という状況になってしまい、経営は大変です。

「いわきは元気」に違和感

僕もいろいろと観光アドバイザーなどをしてきましたけど、震災後、観光という言葉を使わなくなりました。行政は「いわき市は元気だぞ」ということを前面にPRしています。いろいろな文章を読んでみると、何事もなかったかのように「いわきは安全ですよ、普通ですよ、元気ですよ、普通に、いわきにお越しください」というキャッチコピーが使われていました。なんとなく僕は違和感を覚えました。いまだに辛い思いをしている人がたくさんいる。そして原子力災害によって、今もなお、福島のお魚は公式に水揚げされていないという状況（試験操業中）なのに、何事もなかったという。お客様だけ来れば、そうした事実を覆い隠してしまっても良いものなのだろうかと。観光業というのは、観光のお客様がたくさん来てくれることを第一としますから、そのためには何もなかった、なかったとした方が都合が良かったかも知れない。でも行政の職員のみなさんには、自分の子どもが避難先にいる方もあって、本心では非常に複雑な思いをもって、２０１１年からずっと似たような状況を続けています。

ニュートラルに事実と向き合う

みなさは、いろんな立場の方のお話を聞いていて、僕はすばらしいなと思います。割と万遍なく聞いて、ニュートラルな立場に立っていますね。行政の方でもコーディネートしてくれますけど、ちょっと聞くとなんか復興という言葉ばかりで、あまりにも偏りすぎている。確かに私たちは普通とは言えないかもしれないですが、毎日ここで生活しています。でも僕は、原発20キロ圏内のガイドもしています。立命館大学の学生たちを案内してきて、今も帰ってきたばかりなんです。それからいろんな職業の方のお話を毎日のように聞いているので、僕もニュートラルな立場だと思ってます。

僕はこういうふうに事実と向き合うという方法を選んだのですが、でもそれだと観光業としてはちょっと異質になってしまう。「里見くんが原発20キロ圏内を案内してそこの人と話したり、そこにある事実を見せることは、風評被害になってしまう」というふうにも言われました。「いわき市で原発についての言葉をならべると、まだ怖いんだ、旅先としては適切ではない、というふうになってしまうでしょう、里見さん」と言われてます。だから僕は観光業界を卒業させていただきました。いろいろ各地で講演をするときに、観光のお話をしてくださいと言われたときは、そういうことをまず伝えます。異常でもあり普通でもある状況を、みなさんが数日で確認することは難しいと思いますが、いろんな現場を見ること、いろんな事実を見てください。

僕もその中で、新しい人間の豊かな生き方はどういうものかというのを、いろいろなＮＰＯの代表の方々と一緒に考えて、活動しています。

「復興」という言葉

旅館は1年4カ月休業した後再開し、昨日、今日はみなさんがお泊まりになってくれて、とても嬉しいです。ここは温泉と枕だけが残ったシンプルな宿ですが、震災前は１００種類のプランがありまして、年間８万人の利用者がありました。去年は1万5千人と、６分の1ぐらいになりました。僕はそれでもすごく充実しています。数ではないのかなと思いました。たくさんお客さんが来られることがいいことだとは思わなくなりました。震災から5年と5カ月がたちました。地元の新聞には今日も震災関係の記事があります。僕も自分が5年間経験したことや本を読んだりしてきたことなどと、みなさんがいろいろな方からお話を聞いてインプットして、それをアウトプットして対話するということは復興に繋がると思います。僕は「復興」という言葉を使わないんですけど、もし使うとすれば、そういう手法で一人ひとりが自分なりの人生が決まったというのが復興だと思います。

昨日いわき市の職員さんとお話したという立命館大学の学生の話を聞きました。職員さんのお話は「いわきは元気で復興は終わりました」という内容だったそうですが、学生は「いわきを見ているとそうは見えません。里見さん、本当はどうなんですか?」と質問してきました。「まあ見たままの状況だよ、自分の肉眼で見たものが正しいのであって、それをそのまま自分の中に入れればいいんじゃない」という話をしました。

今はネットでも、ツイッターやＳＮＳでもいろんな情報を得られますけど、今回みなさんは自分の足であるいて、お金も時間もかけて慣れない地域に来て、どんな地域かもわからない不安もあったでしょう。でも一歩踏み出して、自分の目で見て、自分の耳で聞いている。僕は原発20キロ圏内に行くと静かな場所に行きます。家はきれいなんですけど、人は誰もいなくて、あぁ耳は物を聞くためだけのものではないんだなと思いました。聞こえないことも確認することができるのが耳なんだと思いました。現地を体感する、そして顔と顔を見ながらその人の言葉をキャッチすることが、僕は本当に、時間はかかるかもしれないですけれど、大切なことだと思っています。

時間が逆戻りしているところ

とても残念なことは、原子力災害、原子力政策が国策だということです。東電だけが悪者扱いされる傾向がありますけれど、国の方策です。東京電力というのはもともと発電所で、化石燃料を使った発電をしていて、そこから原発に進んでいきました。原発についての議論は僕もいろいろな立場の方からお話を聞いていますので、たくさん話すことができるんですけれど、今日は全体的な今の観光の状況等をお話させていただきます。

この5年間は日々変化しているので、変化しているものと、していないもの、時間が止まった状態のものと進んでいるものと、時計が逆回転しているところなどいろいろあります。今日みなさんは、お話を聞いただけでは頭の中がこんがらがったりまとまらないことがあると思います。これは少しずつ解きほぐすというふうに考えて頂ければと思います。

時計の逆戻りというのは、目に見えるもので言いますと、双葉郡、例えば富岡町は今は除染が終わって建物はきれいなんですけれど、問題は建物の中なんです。床はどんどんひどい状況になっていきます。僕は友人の家に連れて行ってもらったんですけれど、玄関の扉を開けたらフローリングも廊下もリビングも羽のついた昆虫が床にいて、畳を見ると雑草が生えていて、天井は落ちていて、雨漏りしていて、ネズミや動物の死骸、動物たちが住んでいたんでしょうか、糞尿など、原子力災害が起きる前はそこには楽しい家庭があった普通の生活だったのが、そうなっていました。友達はアルバムを取りに帰ったんですけれど、すぐにまた東京に帰ってしまいました。時計が止まっている方がまだよかった。アルバムもそっくりそのままで、キッチンも3月10日のまま残ってくれればまだ戻れるかもしれない。でも、この姿になっている。これはもう時間が止まっているとかではなく、悪化しているということです。

多い偏った情報・報道

もう一つは、暮らし方ですね。双葉郡は4LDKとか、結構広い家が多いです。農家さんがほとんどです。そこに原子力災害、原子力事故が起きて、おじいちゃん、おばあちゃんは、仮設住宅の4畳半のところに入ります。若夫婦はもっと離れたところに自分の子どもを連れて、借り上げアパートに住んでいます。家族3世代がバラバラになって、ふと気がついたら、2人だけになっている。孫が遊びに来なくなる。避難している人は、放射能を非常に敏感に感じます。あるおじいちゃん、おばあちゃんは「昔の生活が本当は夢だったのかもしれない」と思ったそうです。

「双葉郡に住んでいる人は昼間からビールばかり飲んでいる」ということがニュースになったこともありました。誰とも話すことなく1日中テレビをつけっぱなしで、こたつの上にお菓子とビールの缶が並んでいると。「こうでもしていなければ孫のことが思い出されてやってられないんだ」と言っていました。他にスポーツを頑張る人もいますが、全員がそういう方ばかりではありません。アルコールやパチンコにはまって「双葉郡はパチンコ屋ばかりが儲かっている、よっぽど金が余っているんだな」なんて言われたこともありました。いろいろな人と話してみると「1日家にいると気が狂いそうだ」「1週間誰とも喋らない生活だ」「パチンコに行けば隣にいる人と少しでも喋れる。だからパチンコで勝とうが負けようが俺には関係ない」んだそうです。

それが全員では無いですけれど、あまりにも流される情報が偏っていて、インパクトのある情報ばかりが流されていく。実際はそういうことが逆に普通なのかなと思いました。スーパーでものを買い占めて、店員に酷い口の聞き方をする人がいるというのは、僕も見かけたんですけど、本当にそれは一部だと思います。でも目立っちゃう。パチンコも目立っちゃう。でも多くの人は、みなさん普通に働いてます。

原子力災害関連死と自殺をめぐる裁判

原子力災害関連死は、今日は2050人、昨日は2049人と、今もその数値が車の走行距離のように増えていっています。僕もギョッとします。その「1」という数は人の命ですから、どれだけ重いものか。1人いなくなれば100人以上の方が悲しみます。それを新聞は淡々と伝えています。お孫さんと離れて寂しくて寂しくて死んでしまう方、病気を併発して故郷に帰れるという希望を失って心を病んでしまって死んでしまう方。自治体に認定されると関連死になります。認定されないとなりません。だからもっと本当の人数は多いのかなと思います。

福島県の人数ですが、津波で死んだ方は１６０４名で、これは5年前と数字は変わりません。直接死といいます。津波ではなんとか助かった、それなのに、生きるための何か大切なものを奪われて死んでしまった。これは関連死となります。中には自殺している方もいます。遺書があれば認定されますけれど、ない場合には裁判も起きています。

その裁判の状況は大変です。原子力災害関連死というのはなかなか認定されない。この前認定された飯舘村の老夫婦は仮設住宅に住んでいます。飯舘村は第一原発から60キロ離れ、農村地帯で牛がいっぱいいて、今そこは誰も住んでいない村ですが、放射性物質が雪雲に乗って、ちょうど飯舘村に降りました。だからすごく濃い放射線量です。一時帰宅が認められたので夫婦で帰りました。そして飯舘村に3泊か4泊して帰る日の朝、奥様が焼身自殺しました。旦那さんは寡黙な方で、人前に出ることはあまりしない人でした。でも裁判に勝ちましょうということで、みんなで応援し、原告として法廷に立ち、もう足はガクガク震えていましたが、東電を相手に勝つことができました。今、裁判は、東電相手に絞ってやっています。というのも、水俣病の例がありますよね。国を相手にするともう30年、50年と裁判結果が出ない。そのうちに原告が死んでしまう。それでは虚しいので、結果だけでも早く出してあげたいということで、民間企業に絞ってるんです。東電だけに絞るんです。国は１００％認めないですから。水俣では50年かかっています。

スタッフのみなさんのその後

うちで働いてくれていたスタッフですが、140名のスタッフを3月の終わりごろに集めました。そして僕は伝えました。「もう原発事故は制御不能の状態になっている」と。毎日みんな旅館に、給料もないしお客さんもいないんだけど、片付けに来てくれていたんです。そんなみんなを集めて、旅館の片付けや仕事をしてくれてすごくありがたいと話しました。でも「まず自分の命を、家族を優先してほしい」ということを伝えました。結果的にはそれが最後になってしまいました。集まったのはその一度だけでした。全国の若いスタッフを採用してきてましたが、僕がもし20年前に遡るんだったら、若い方をとらないほうがよかったのかもしれないと思いました。みんなちょうど小さい子どもがたくさんできてしまっていて、子どものことを考えて避難するという選択肢を取りました。ですから、旅館運営ということに関しては、逆にそういう旅館にしていったことが仇になってしまったんです。でもそれでよかったかなとも思います。私たちも休業手当という形を交渉して、働かなくてもきちっと手当てが出るようにしました。さらには東電と掛け合って、彼らの仕事だけじゃなくて、生活の分もきちっと相談しました。今、元スタッフの人たちは建築会社に勤めたり、お寿司屋さんに再就職したりしています。その後、ここは10名のスタッフでスタートしました。今は20名のスタッフでやりくりしてます。140名のスタッフはその1年と半年くらいの間で新しい仕事、新しい暮らしを見つけて再スタートを切りました。高齢の方はやっぱり再就職は難しいですね。若い人は割と就職しやすかったので、それぞれで暮らしができると思います。

作業員の方が多い広野町

原発の作業員の方の拠点が北に移っているということですが、人が住んで良い地域は広野町、そして楢葉町、そしてこれから平成30年に向けては富岡町の避難指示が解除されていきます。いわき市から通うとなると大体1時間半かかっていて、朝と夜は渋滞すると2～3時間かかるんです。もっと北に住めるようになって、そこにはホテルがたくさんあります。広野町は人口が元々4千人の街です。広野町では2012年の9月から学校、自治体、行政が動き始めました。1年半は町の判断で、人は住まないようにしていました。コンパスで円を描くように、20㌔圏内、30㌔圏内と分けました。今思うと、広野町はいわき市または東京の一部と同じくらいの線量だったんです。人が誰も住まないようにしなくても良かったんじゃないかなと思いますが、距離も近いのでなんとも言えないですけどね。まあ1回リセットされたわけです。

人口が2千人になり、世帯数も半分になって家が空きます。その家を持ち主は、いわき市の仮設住宅に住みながら、年間何万円かの契約で建築会社に貸しているわけです。ですので現場作業員、そして除染作業員が一戸建ての家に10人、20人で詰め詰めで住んでいて、そこから通うようになっています。そういう方が3千人ぐらいいます。こうして広野町は、もともと住んでいる方に、作業員の方3千人が加わった複雑な地域です。ダンプカーもたくさん走っていますし、自治会も機能しづらいです。そこの地区に関係のない人と、元々住んでいる方がいる。そうなると回覧板なども複雑になってきます。広野町はぱっと見、きれいに見えますけれど、このような住みづらい町です。仕事がこっちにあるからここに住んでいるけれど、本当は別のところに住みたいとか、経済的な理由があってやむを得ず住んでいるという人も多いです。

楢葉町は10分の1くらい

楢葉町は広野町の北にある町です。7400人の人口でしたが、今日の新聞を見ると700人になっています。10分の1しか住んでいません。家が10軒並んでいるとしたら、夜は1軒しか電気がついていないという状況です。子どもの数は5名です。除染に2・5兆円かけています。これは環境省の予算で、避難地域の除染は国で面倒を見るということになっています。税金です。ひっくり返ったゴミの清掃みたいな除染を、何兆円もかけてきれいにして、見てくれはいいかもしれないですけど、じゃあ元々のコミュニティは？　農家さんはそこで田植えをして野菜を作って、双葉郡産、楢葉町産として流通に乗せられるのか？　それは非常に難しい問題だと思います。帰ってくる人の人数が物語っていると思います。2・5兆円かけて除染して、それで戻ってきた方は60代以上が50％で、その方たちは放射能とかそんなの気にしないよ、という方ですね。若いお母さんたちは、やっぱり原発から10キロ、20キロの場所ですから不安になります。家がきれいになったからといっても、いわき市でできた子どもの友だちを引き離してまで、そこに住もうとはしないですよね。戻らないという決断は、100人いれば100人分だけいろいろです。

廃炉作業の拠点ですけど、今は楢葉町のJヴィレッジから専用シャトルバスに乗らなくてはいけないという決まりがあるんですが、そのJヴィレッジの代わりの拠点を徐々に富岡町の第二原発に移してきています。第二原発は止まっていますが、いろいろな建物の中に、清水建設、鹿島建設など、ゼネコンの福島復興支社というのがテナントのような形で入っています。そういう使い方をしています。そしてJヴィレッジの拠点を第二原発に移して、そこから第一原発に行くようにする。

風評被害と実害

風評というのは、無実なのに有罪だというふうにレッテルを貼られるという状態を指すと思うんですが、福島の食べ物で流通しているものにはセシウムは含まれていません。僕もここを選んで住んでいますが、自分の子どもも住ませているのは、危険なものをどんどん流通させるということはありえないと思っているからです。ここでは生産者と顔を合わせますので、それが一番大事なことなのかなと思います。もう一つ、福島県という大きな括りの中で見ると、双葉郡には放射性物質が降り注いでいます。そこでとれた野菜やお米、たけのこなどにはセシウムがついていると分かっているから、そこでは何もしません。

海も福島漁連が自粛というかたちをとっています。実際に試験操業してもセシウムを吸着している魚はほとんどいないんですが、それでも自粛しています。片や南会津のほうは放射性物質が降り注いでいないんですよ。放射性物質による汚染はまだら模様です。隣の県の栃木県の那須は観光地区ですが、いわき市の2~3倍の線量が出ました。那須高原は観光が90%の町です。その町はとにかく観光のお客さんに来てもらわないと商売がほとんど成り立たないのです。

例えばいわき市は0・15毎時（マイクロ）シーベルトで、栃木は0・4毎時（マイクロ）シーベルトあったんですが、那須の業界では観光のお客さんが減ってしまうんじゃないかということで、箝口令が出ました。那須町は比較的早くから線量を公表したんですが、観光業界では放射能の話はご法度でした。僕が、観光業がモヤモヤすると思った部分はそういう部分です。那須は風評という言葉を使いました。「風評で困っているんです、応援してください、那須高原に来てください」という観光ＰＲがどんどん増えています。もちろんそれで病気になったり倒れたりするレベルの数値ではないし、そこにずっと赤ちゃんが横になって３６５日いるわけでもなく、そういう意味では行ってもおかしくはありません。でも何事もなかったかのようにする那須ってどうでしょう。しかし、それも那須のためを思ってそうしたんでしょうね。非常にモヤモヤした部分が残っています。そんなふうに風評という言葉を使うんですね。

いわき市も風評という言葉をたくさん使います。「本当は安全なんだよ」と。市場に出ているものはもちろん安全です。でも魚はどうでしょう。僕は地元の魚は大好きですが、５年間一度も食べていません。水揚げされていないからです。小松理虔くんの海ラボでは実験的にとって、大丈夫なものは自分で食べています。でも一般の人がみんなそれができるかというと、できないですよね。ほとんどいわき市に住む99％の人がいわきの魚を食べていません。福島漁連が自粛していて、流通してないので。魚が実際獲れていないというのは実害じゃないかなと思います。風評というのは、魚は獲れるんだけど売れないということだと思うんです。実際魚があがっていないのは、実害を受けている場所であるということだと思います。

みんな原発に振りまわされてきた

ここに残っている人はここで暮らすという覚悟をして、それを自分で決めた。経済的に、引越しの関係でそうせざるを得なかった。そう簡単に見ず知らずの場所にお金をかけて行けない。もう一つ、ここから避難した方は、いわき市だけで８千人います。この数は公式ですから、本当はもうちょっと多いと思います。住民票を移さずに避難している方もいらっしゃいますから。すると残っている方は、2万2千~3千人くらいかなと思います。

僕は関西の「たこ焼きキャンプ」という保養団体の保護者の方たちと友だちで、その保養団体の方たちとたくさん話しますが、そこには避難された家族、避難された若いお母さんがいて「子どもを守りたい、できる限り原発から遠くへ行きたい」と言っていました。それは当たり前ですよね。でも最近になって、いわき市は大丈夫だということがわかってきています。でももう戻れない。放射能は子どもに有害であると確信しているし、それは間違いではない。自分は福島から出て行ったんだから、福島のものは絶対に食べてはいけないと自分に言いきかせて、後悔の連続にならないようにしていて、その気持ちはよくわかります。その方が正しいのかもしれない。ここに残っていた子どもが、のう胞になったり甲状腺癌になったりするかもしれない。因果関係はわからないけれど、放射能と関係しているかもしれない。「ほら見たことか」ということになる可能性もあるわけです。そうすると、京都に避難されているお母さんの方が判断としては正しかったとなるかもしれない。

これればかりはわからないんです。定量被曝がわかる人なんていないんじゃないですかね。「これは大丈夫ですか? 大丈夫じゃないですか?」「これは病気になりますか? なりませんか?」という質問をよくされるんですが、僕は答えられません。そのわからないことが今起きているということです。

便利と贅沢を引き換えに、私たち大人たちが原子力発電所を作ってしまった。原発は電気をつくるためというよりも、ビジネスです。今、原発は止まっていますが、普通に生活することができています。私たちはこんな原発に振りまわされてきたわけです。放射能は見えないので、切り傷のように見えるんだったら「これは危ない」と言えますが、そうは言えない恐怖と若いお母さんたちは戦っています。そういうものを背負ってきたんだなと思います。避難した方も残った方も切ない思いをしています。風評についてはもっとたくさん議論をしていきたいと思います。風評という言葉を使うのは簡単なんですけどね。

家族連れを優先する旅館に

それともう一つ、旅館に泊まるお客さんについてですが、旅館を再開するときは、作業員の方ではなく、できるだけお子さんのいる家族が優先的に泊まれるようにしようと思いました。作業員が泊まっていることによって「ちょっと汚染されてしまうのでは」というイメージを持つ人も出ると思うし、どこの旅館も作業員ばかり泊まっているという状況にしないためにも、ここは家族連れが泊まりやすいようにと考えました。

予約制で、姿かたちがわからない方から予約を受けているので、チェックインされたときには作業員の方だということもありますけれど、作業員の方専門でというかたちはとっていません。ただ、売り上げは非常に不安定です。稼働率は15～20％です。片や作業員の方を止めている旅館は毎日貸切で泊めていたので、稼働率１００％です。ただ僕は今後10年、20年、30年というスパンで考えたいなと思っていて、ここの旅館はこういう使われ方で良いかなと思います。僕がここにいることでいろいろお話もできますし、天然温泉も生き残っていますから、それを守り続けながら、癒しを与えていきたいと思います。

とても大きな古滝屋の外観（出所：じゃらん net）

一度「作業員の宿」というふうにレッテルが貼られてしまうと、作業員の方が抜けた後も、結局そのレッテルがそのまま残ってしまうでしょう。「まだ作業員を泊めているのではないか」と言われてしまう。なかなか一般のお客さんが来なくなってしまう。古滝屋もそういうイメージを持たれたこともありました。でももう何度も利用していただいて、いろいろなところに紹介していただいて、そういうことはなくなりました。あと、食事の提供はもうやめています。調理人もそれぞれの人生を歩みました。2階はテナントとして第三者に貸して、家賃をいただいて、レストランが開かれています。朝は無料のコーヒーなどのサービスをしています。

木造3階建ての旅館にしたい

今までのスタイルを保ったままの旅館もありますし、このように少し形態を変えてやっている旅館もあって、今はこのスタイルでやっています。最終的に将来は、木造3階建ての旅館にしたいです。僕も旅が好きで、年間50泊ぐらい旅をするんですけど、高級旅館から2千円くらいの旅館までたくさん泊まります。僕が一番好きなのは小さい旅館です。僕がここを継いだときには、もうすでに今の大きさになっていて、使いづらいですし、固定費も大変で、年間800万円払っています。自分の身丈にあった、この地域に合った旅館にしたいと思っています。

《Day2》を振り返って

9月6日・第2日目

石川　5日の夜は、いわき湯本温泉の古滝屋さんにお世話になった。翌6日は、まず「UDOK.」に行って小松理虔さんのお話を聞いて、お昼ごはんは地元のラーメン屋さんで。午後は「アクアマリンふくしま」（環境水族館）で星克彦さんのお話をうかがい、それから小松さんの案内でいわき市内のあちこちを見せていただいて、夜は古滝屋の里見さんのお話を聞いたよね。

簡単ではない「復興とは何か」

疋田　朝の小松さんのお話は、海のことが中心でしたが、小松さんが福島の魚を食べるとか、食べないとかを判断するためには、最終的には専門的な知識と裏付けが必要だと言っていたことが、あらためて印象的でした。それは放射性物質による汚染があった地域に住んでいいのか、避難すべきなのか、もどっていいのか、避難を続けるべきなのか。そういう問題を考える時にも同じことですよね。関西に住む私たちにとっては、福島に行っていいのかどうかという問題も。SNSにはいろんな意見が書き込まれるけど、本当のところはどうなのかを、事実にそって確かめる姿勢が必要だと感じました。もう一つなるほどと思ったのは、福島の海があんな事故をきっかけにしてではあるけれど、日本で唯一、結果的には長期の禁漁が行われたので、海の資源がすごく回復しているという話でした。それを積極的に活かして、復興というよりも、もっと積極的にこれからの町づくりをするべきじゃないかと言われる姿勢にもすごいなと驚きました。

景山　小松さんは、復興を「自立だ」とおっしゃってました。そして実際の復興政策には、自立を阻んでる面もあるんじゃないかという問いかけもされてましたね。例えば、漁師の方には休業補償が出ていて、漁に出なくてもお金が入ってくるんだけど、それによって網を引く体力がなくなっちゃったとか、毎日できていたはずのことができなくなっていって、その結果、漁師としての誇りが奪われているというお話がありました。補償が復興のためということになっているのに、実際にはそうではなくなっていく現実がつくられる。そのことがすごく印象に残りました。

仲　地震や津波、そして原発事故の被災者であるのは事実だけれど、自分が何か「あるべき被災者」を他人から期待されたり、押し付けられたりするのは腹が立つと、かなり強い口調で言われてました。自分は今やりたいことをやっているだけなのに、それを「復興のためにしてるんですね」と周りから型にはめようとされることへの憤りのような言葉、それが印象的でした。

小才度　かまぼこ屋さんで働いていた時に、福島のかまぼこなんて食べられないと言われた話がありました。品物の安全性は確認済みなのに、実際にネット販売しても買ってもらえない。そのことを企業努力の不足という面から話されたことにも驚きました。売れなくても営業損害への一定の補償があるので、それがかえって商品の魅力を高める努力をあきらめさせることにつながっている、それではいつまでたっても自立が進まないというお話でした。

小南　お金で解決できることって限られてるし、自立を支援するってとても難しいことだなと思いました。仕事の誇りなんて一度失ったら簡単に取り戻せるようなものではないし、地元で長年頑張って働いてきた人たちほど苦労しなきゃならない問題なんだなと実感しました。

森本　自分たちで魚を釣って、汚染を自分たちで確かめて（専門家の力も借りながら）、食べられるものは食べる。そういう自分で参加する行動が大事だし、話を聞いていていいなあ、すごいなあって思いました。

景山　ヒラメとカレイの話も印象に残りました。見た目は似ているけど、ヒラメは泳いでいる小魚などを捕食し、カレイは泥の中のゴカイや死骸などを食べるから、カレイのほうが放射能汚染量が高いいままだというお話でした。魚の生態、エサのちがいによって、同じ海のなかでもほとんど放射線が検出されない魚がいたり、汚染量が高い魚もいる。いわきの魚にも食べられるものと食べられないものがあるし「福島の魚」とか、「福島の食べ物」だと一括りにして理解することのおかしさみたいなものがよくわかりました。

仲　ゼミで『福島第一原発廃炉図鑑』（開沼博ほか、太田出版、2016年）を読んだ時に、小松さんが書いた海ラボのところを担当したんですけど、もっと根っからの漁業関係の人かなと思ってたら、全然そうじゃなく、新聞記者とか、かまぼこ屋さんとか、そういう元々海のことに特別な知識をもってたわけじゃない人が、自分から海を調べにいくってなかなかできることじゃないですよね。

川上　専門家と一般市民の間に立つ人が大事だって言われて、小松さん自身も今はそういう役割を果たされていると思うんですけど、そういう人の影響力って確かに大きいと思うし、専門

家ではない市民がそういう知識を吸収していこうという姿勢も大切だなと思いました。

石川　小松さんの最近のツイッターを見ていると、小名浜の港にものすごくたくさんのサンマがあがっていて、でも遠くに運べばどうしても鮮度は落ちるから、こんなにうまいサンマが食える土地はめったにないんだ、そのことにまず地元の人が気づかないといけないと強調されている。それがよその土地の人に食べに来てもらう、いわきにさんまを食べに行きたいと思ってもらえる入口になるんだと。それで刺身と塩焼きだけじゃない食べ方もいろいろ紹介して、そういう料理を地域の食堂や居酒屋で出してもらい、そういうお店を紹介する取り組みもしたりしている。ネガティブなことを頭の中で切り替えてポジティブにとらえましょうではなく、ネガティブなことを直視しながらも、そこだけにとらわれないでポジティブな要素にも注目しましょうよ、そこを活かしていきましょうよと。あわせて、いわきに元気がないのは震災前からのことで、そんなもっと根深い地域の問題とも結んで未来を考えようと言われていたことも大事なところだと思わされた。

3・11当日の映像を見て

石川　アクアマリンふくしまでは、星さんのお話をうかがった。見せてもらった震災当日の動画には、やっぱり言葉を失うよね。アクアマリンの入口あたりの地面から水が噴き出して、地盤沈下が起こって、職員さんが館内に走って逃げてきて、津波が来た時には、みんな上の階まであがって様子をじっと見ているしかなかった。引き波がすごいんですよと星さんが、車が海にもっていかれる映像を見ながら解説してくれたけど、ああいう現実を目の当たりにするのは本当に怖いことだったろうね。

岡田　地震や津波の映像を見たのは、今回の旅行ではここだけだったんですけど、当時の驚きがよみがえるような気がしました。その被害にあった場所でそれを見たり、あそこまで波が来たという壁の跡を見せてもらったりしたことで、何かこう肌で感じることができたというのか。

村上あつこ　私は実家が栃木で、そこで地震を経験したんですが、映像を見てその時のことを思い出してました。映像にあったように、そこら中のガラスが割れたり、地面にひびが入ったりして、学校中がパニックでした。思い出すだけで血の気が引くような、心がざわつくような感じがします。そんな状況の中で、お客さんを安全に避難させたり、魚や動物の管理をしたりっていうのは簡単にできることではないと思いました。

石川　関西をふくめて西日本には、これから南海トラフの大地震が来るのだから、本当にちゃんと用意をしないといけない。これだけ都市化が進み、工業や人口が集中した地域に大地震が起こり、大きな津波が襲うというのは歴史的にも初めてのことになるわけで、それにふさわしい対策を急がないとね。

景山　映像が展示されていたところで、大陸が割れて移動していくシーンを見た人はいませんでしたか？　現在の大陸ができるまでの映像で、プレートが小さく分割されていくなかで日本列島が形づくられていくシーンを見て、だから日本は地震大国なんだっていうのがすごくわかりやすいなと思いました。

アクアマリンふくしまで星克彦さんのお話を聞く

石川　日本列島は大きなプレートが4枚（太平洋プレート、北米プレート、ユーラシアプレート、フィリピン海プレート）もぶつかり合う上にあるからね。

景山　それからアクアマリンでも、他のところも同じだったんですが、放射線の測定結果など、情報を全部公開してましたよね。アクアマリンも小松さんのところと連携していますが、近海の魚の放射線測定結果を全部ホームページで公開している。今回お邪魔させてもらったみなさんが実行しているのは、情報を隠すことではなく、公開して知らせ、それによって自分たちへの信頼と復興を確かなものにしようということでした。これは政府や東電がやっていることとは真逆で、政府と東電は都合の悪いことについてはすぐ「風評被害」を口実に、情報を隠そうとする。でも、そこに生活している人たちは、情報を公開することで復興に向かおうとしている。なんかその辺の違いをアクアマリンでも感じましたね。

疋田　これから原発がなくなるかと言われたら、まだ見通しがないじゃないですか。少なくともしばらく残るのであれば、小学校とか中学校でも、原発についてちゃんと教育すべきだと思います。そうして、放射線量の意味などを、私たちみたいに少しだけでもわかるようにする必要がある。そうしないと被災地での情報発信の努力が活きないし、たくさんの市民で電力の将来を考えることも難しい。

景山　なるほど。現地の情報を一生懸命に公開してくれていても、マイクロシーベルトの意味がわからないと、それが安全なのか、どういう数値なのか判断できない。だから福島県以外の人もそういうことについて勉強していけば、発信してくれている情報の意味を理解して、食品の安全性も判断できる。これはなかなかすごいアイデアだなと思います。

小南　私もそう思います。ある程度は勉強しておかないとわからない。実際、原発や放射線量の知識がある人は私の周りにはほとんどいません。もしそのような教育が取り入れられたら、世の中の原発に対する考え方も大きく変わっていくだろうと思います。

防潮堤で海が見えなくなる

石川　そのあとはもう一度小松さんにお願いして、お話を聞きながら、いわき市内のいろいろな場所を見せていただいた。小名浜の海に行ったり、豊間地区に行ったり、中央台ではいわゆる高級住宅街と避難してきた人たちの仮設住宅が隣り合っている現場も見せてもらった。

疋田　難しいなと思ったのは、津波から町を守るための大きな防潮堤が、延々と海沿いにつくられているというところでした。それは必要なことかも知れないけれど、それによって町からは海が見えなくなる。サーフィンを目的に来る人もいて、地元の人にはたくさんの思い出のある場所が見えなくなり、地域経済を考えると大きな観光資源でもある広大な景色が失われてしまうことにもなる。大変な問題に直面しているんだなと思いました。

小南　防潮堤が完成してしばらくたってから、みんながその景色に見慣れてしまうときが来るのが怖いなと思いました。防潮堤によって安心はできるけれど、それによって巨大な津波が襲ってきたことをいつか忘れてしまいはしないかという気もします。

石川　あの大きな防潮堤づくりが、岩手まで続いているということだったよね。土を盛り上げるには山を削ることが必要で、それこそ地域の景色をまったく変えてしまう大きな工事になっていた。もう一方で、お寺や神社の多くは津波の届かないところに建っており、先人の知恵だという話もあった。ということは人が生活する場所を工夫するという方法も、場所によっては考えられるということだよね。はたして海の近くに暮らす多くの人が防潮堤に賛同したということだったのか？

景山　防潮堤について話し合いをしても、結局、その地域ではなく、いわき市全体の計画が優先されるってことをおっしゃっていましたよ。「薄磯地区で話をしたけど、結局いわき市がどういう決定をするかが優先されて計画が進むんです」と。普段、町村合併とか聞くじゃないですか。規模が大きい方が予算的な面でもいいじゃないかという声も。でも市町村合併によって、実際の生活単位からはずれてしまった行政単位ができて、地域に密着した生活の声が届かなくなる。先ほど石川先生がおっしゃった福島だけの話じゃなくて、私たちの社会の問題というのは、こういうところにも現れているのかなと。大阪市も都構想の話があったけれど、もしそれが進むとこういうことが起きるのかなと考えさせられる。そういう意味でも、原発被災地にあらわれていることは、私たちと無関係ではないむしろ普遍的な問題なのかと思ったりもしましたね。

原子力災害の残酷さ

石川　中央台の辺りはどうだった？　山手にあって、下からはなかなか見ることもできない場所にある高級住宅街。そこに道路一本隔てて仮設住宅がたくさんできて、町の空気がかわってしまい、元々住んでいる人の中にはそのことにいらだちを覚えている人もいるというお話だった。きれいな結婚式場もあったよね。

小南　とてもきれいで、いわきでも人気のある結婚式場だとおっしゃっていて、幸せの象徴だとされる結婚式場の目の前に、避難してきた人たちが5年以上住み続けているという、なんとも言えないすごく複雑な場所に思えました。

仲　あんなふうに大きくてきれいな家が並ぶ地域の隣り合わせに仮設住宅をたくさん作るというのは、元々住んでいる人にも、仮設に入る人にも複雑な思いをもたらすと思うんです。いわき市は広い町で、香川県より広いということでしたけど、そうすると仮設をつくることのできる場所が他になかったとは思いづらいですよね。もともと住んでいた人たちとの話し合いはどうだったかという問題のありますよね。あらかじめ納得してのことなら、それほど摩擦は起きないでしょうが、どうもそうではないというお話でした。

村上　小松さんのお話には、避難する人と受け入れる人の関係について、福島だけじゃなく世界全体にある問題じゃないかということもありました。そういう問題は確かに、震災前からほかの地域でもあったことかも知れない。地方から移住してきた子が都会の学校でいじめられるとか。それからヨーロッパでは、移民が受け入れ国の人に邪魔者扱いされたりっていうことも起こってますよね。福島でも、お金持ちの地域とかそうではない地域とか、地域間をランクづけする意識もあったというお話がありましたが、そういう元々の問題が震災をきっかけに大きな問題となって、人々の間に深い溝を作ってしまっているのかも知れません。複雑ですよね。

疋田　中央台には仮設住宅のブロックごとに、どの町から避難してきたかということがわかる標識が立てられていたじゃないですか。あれは何のためなんだろうと思いました。避難してきた人もつらいんじゃないかと。避難してきた人、前から住んでいた人、どちらも余計な苦労を背負わされているように思いました。元はと言えば、東電の事故が原因で、その被災者に対する国や東電の対応がもたらした問題だと思うんですけど、それが住民同士の対立にすりかえられてしまっているようで、気持がすっきりしませんでした。

景山　小松さんが「ここは原子力災害のなんたるかが分かる、とても残酷な場所だから来た」ということをおっしゃってました。ここで結婚式をしたいとかしたくないとか、元々住んでいた人、後から来た人、どっちにとっても、とってもつらいとか。それが原子力災害だったから起きているということの意味については、まだ十分消化できていませんが、例えば津波だけだったらそんなことにならなかったのか、地震だけの避難者もいたはずだけど、原子力が入るからというのはどういうことかなって考えたりもしたんですけど。その残酷さって何なんでしょう。

疋田　難しいですね。

石川　震災から5年半もたったのに、あれだけ仮設がたくさんあって、8万に近い人が避難生活を続けずにおれないということ自体が異常だよね。その根本には、元々暮らしていた土地が使えなくなってしまったということがある。地震や津波の被害だけなら、水が引けば、土台を固めて、元住んでいたところに仮設を作るとか、公営住宅を作るとか、あるいは新しい家を作ることもできるわけだけど、それができない。放射性物質による汚染があるから。これだけ広範囲の人々が、これだけ長い期間にわたって避難生活をせずにおれなくなるというのは、大きな原発事故（放射能災害）に固有の問題なんじゃないかな。それから、原子力災害が自然災害とちがって、人災だということから生まれる問題もある。人災だからこそ、災害を起こした当事者がその責任を小さくしようとしてしまうことから生まれる問題がある。事故を起こした当事者が賠償の内容を決めたり、復興の内容に口出ししたりといった具合に。そういう特殊性と、地震や津波の災害とも共通する、被災者を受け入れ、生活を支える点での行政の対応の不十分さや、地域社会の一部にある不寛容というのかゆとりのなさというのか、そういう問題と、両方がないまぜになって続いているんじゃないかな。原発災害の被害というのは。

情報をどういう角度からとらえるか

石川　夕方4時半からは、宿泊先の古滝屋さんで館主の里見さんのお話を聞かせてもらった。ものすごく大きな旅館だったよね。でもあの大きな旅館に今は働いている人が20人くらいしかいない。つまりお客さんはその程度しか来なくなっている。震災と原発事故をきっかけに、里見さんも、働いていたたくさんの人たちも、ものすごく大きな変化に巻き込まれたわけだ。

小南　震災の日に、お子さんが卒業式直前だったというお話がありました。私はちょうど中学校の卒業式当日だったんですが、大阪は震度3くらいだったので、よくある地震としか思いませんでした。夕方、家に帰ってテレビをつけて初めて東北で起こった地震だと知り、その揺れが大阪まで届いたことにとても驚いたのを覚えています。その後、原発のニュースを見るようになりましたが、メルトダウンとか、ヘリコプターで水をかけるとか、意味がわかりませんでした。その意味を理解して、しかもすぐ近くの出来事として見ていた人たちには、とんでもなく恐ろしいことだったんだろうと、今になって思います。旅館の経営について迷ったというお話もありました。私は漠然と「街がきれいになることが復興」のように感じていましたが「一人ひとりが自分なりの人生が決まったと思えたときが復興」とおっしゃるのを聞いて、自分の理解の浅さを感じさせられました。

景山　里見さん、バランス感覚がすごいなと思いました。避難されてきた双葉の人が昼間からパチンコに行ってと非難されてるけど、例えばそれまでは大きな家に孫といっしょに暮らしていて、ご近所とも長いつきあいがあったのに、いきなり仮設住宅にバラバラになり、周りとの関係も変わってしまった。昼間1人でずーっとテレビだけ見るようなこともあるので、パチンコにでも行けば誰かと話す機会があるかも知れないから出かけるとか、お酒でも飲まないと原発前のことにばっかり気持ちがいってどうしようもないとか、里見さんはいわきの方なんだけれど、双葉の方の生活にまですごく目が届いていて、なんでそうなるのかが、小松さんの話と鏡あわせでわかる気がしました。二つの話が一つの絵のようになって、すごくどちらも辛いなと。いわきの人たちもすごく辛いし、いわきに来て、賠償金をもらっているとはいえ、仮設で暮らしている人たちはそうでもしないと、やっていけない。その両方を見られてるというのはすごいなと思いました。

小南　パチンコに行ってるとか、昼間からビール飲んでるとかいう人は、どこの地域にもたくさんいるわけで、でもそれが「賠償金もらってるのに」という言葉を添えてメディアで流される。それって偏見じゃないかなと思いました。

石川　情報は切り取れるから、切り取る側の意図でなんとでもなるからね。昼間どころか、朝から飲んでるおっちゃん、おばちゃんは、関西にもいくらでもいるよね。パチンコ屋は朝から行列だし。里見さんにお話をお願いした理由は、あそこが湯本温泉というとても有名な温泉地で、しかもいわき市は避難命令が出た場所じゃないでしょ。逆に、たくさんの避難者を受け入れてきた場所。そうであれば「あそこは安全」となりそうなもの。ところが実際には観光客が来なくなって、原発事故の片づけや廃炉の作業に来ている人を泊めることしかできず、それでも経営がなかなか成り立たない。そういう町の現実の深刻さを、少しでも知りたいと思ってお願いしたんだよね。

小才度　情報の話ですが、震災当時は私もネットを頼りにしてましたが、何が本当なのかわかりませんでした。それが今回、福島に実際に行ってみて、あれは違ってた、あれは本当だったと、ずいぶん整理されるところがありました。今、先生が言われた情報は切り取られることがあるっていうのも実感しました。

景山　「風評」についても聞きましたよね。風評って何なんだろうとやっぱり思ったし、里見さんが那須高原（栃木県）の話で、那須高原はいわき市より線量が高かったけど、そのことを知ら

古滝屋から徒歩10分ほどでJR湯本駅

せなかった。でも、そこより低い線量を隠さず、公開しているいわき市は観光客が減ってしまったと言われました。こういう状況を前にして「風評」って、どういう意味で使われるべきなのかと。どう思いました?

小南　里見さんは原発被災地や、事故後の福島をいろんな方に案内されていますが、それは「風評被害につながる」からやめましょうと言われたというお話もありましたね。

小才度　福島にいまだに原発があるということが、風評被害というか「コワイと思う気持」の大きな要因なのかなと思います。

景山　一方では放射能をきちんと測定して大丈夫だということを確かめて、それをPRしていることさえ風評被害につながると言われたり。そういうのを聞いてると風評被害という言葉の意味がこんがらがってきます。まずは事実を知ることがスタートだと思うんですけど、知ることを封じるために風評被害という言葉が使われていることに違和感を感じますね。

石川　「人間は闘士でもマシーンでもないでしょ」と言われたことも印象的だった。それは被災した人たちについて語っているだけでなく、あの場を訪れた僕たちに対しても言ってくれている気がした。福島に何日かだけやってきて、何カ所かだけ見て、知って、理解できることは限りがあるし、この体験が今後にどう生きるかについてもそれぞれなんだろうけど、でもそれがそれぞれであるのは仕方のないこと。そこはお互いに折り合いをつけていかなければ。ぼくにはそんなふうにも聞こえてきて、互いに違いはいろいろあっても、それを受け止めあっていこうという優しさのようなものを感じさせられた。

その夜の居酒屋で

石川　「街を歩いてみてください」という里見さんのお勧めもあって、この日の夕食はみんなで外に出た。みんな（ゼミ生）は焼鳥屋さんに行ったんだっけ？　僕と景山先生は居酒屋に入ったんだけど、偶然、原発作業員の人たちと一緒になって、ずいぶんたくさんしゃべって、その後、駅前の足湯にいっしょにつかったり、アイスクリームをもらったりもした。楽しかったよ。

景山　店の中で、カウンターの横にいた3人が、私たちの話を聞いて声をかけてくれたんですね。除染では汚れは一方向に向けて拭き取るんだという話から、原発のことを知らない作業員に、長く働いている人が教えながら作業をするという働く人同士の関係とか、子どもや孫のために誰かがあそこを片づけなければならないという思いをもって働いているといった話とか。それを聞いて、思わず「ありがとうございます」といってお酒をかわしました。東電や政府がやっていることには、めちゃくちゃなことがあるけれど、そのことと現場で働いている人たちの気持とか姿勢とかは、ちゃんと区別しないといけないとあらためて思いました。とても嬉しい出会いでしたね。

9月7日（水）

9時すぎには古滝屋を後にして、再び6号線を北上。大熊町の路上には、毎時2・9マイクロ・シーベルトの表示も見えた。10時50分、浪江町で浜通り農民連の三浦広志さんと合流。一部地域の避難指示解除に向けてインフラ整備を急ぐ浪江町から、井田川ソーラー団地や「荒れ果てた農地の海」を見て、1時には相馬市の野馬土に到着。昼食後、三浦さんから米の全袋検査のお話。2時半には、大野台（相馬市）の仮設住宅へ。サポートセンターで、飯館村から避難された渡辺勝義さんのお話（140ページ）をうかがう。5時には相馬市松川浦の旅館・亀屋に到着。6時半に夕食をとり、7時半にはこの日の日程終了となる。

東電の馬鹿野郎ですよ！

渡辺勝義（わたなべかつよし）（相双地区労働組合総連合事務局長）

私は飯舘村の出身です。村は全村避難になり、私たちは相馬市大野台第６仮設に避難しました。当初１６４戸あって、現在はきちんとした数字は把握していませんが、30～40戸は仮設を出たと思います。ここへくる途中に仮設住宅がありましたが、あの辺は津波被害の相馬市の方が多く、ほとんどは新築や復興住宅へ引越しています。私は農業協同組合で労働組合の専従をしていました。同時に相双地区の労働組合総連合の事務局長も兼任しています。定年になりましたが再雇用してもらいました。今日みなさんには、原発の状況と飯舘村、あるいは仮設住宅での生活のことをお話したいと思います。

飯舘村の避難の経過

ご承知のように事故から5年半がたちました。福島県は大きく会津、中通り、浜通りに分けられますが、被害が大きかったのは浜通りです。当初飯舘村は、計画的避難区域（図1）ということで4月22日に発表されました。その後、２０１２年４月には区域の見直しがあって、三つの区域にわけられました。一つは帰還困難区域、二つ目は居住制限区域、それから避難指示解

図1　計画的避難区域（2012年4月当時の状況）

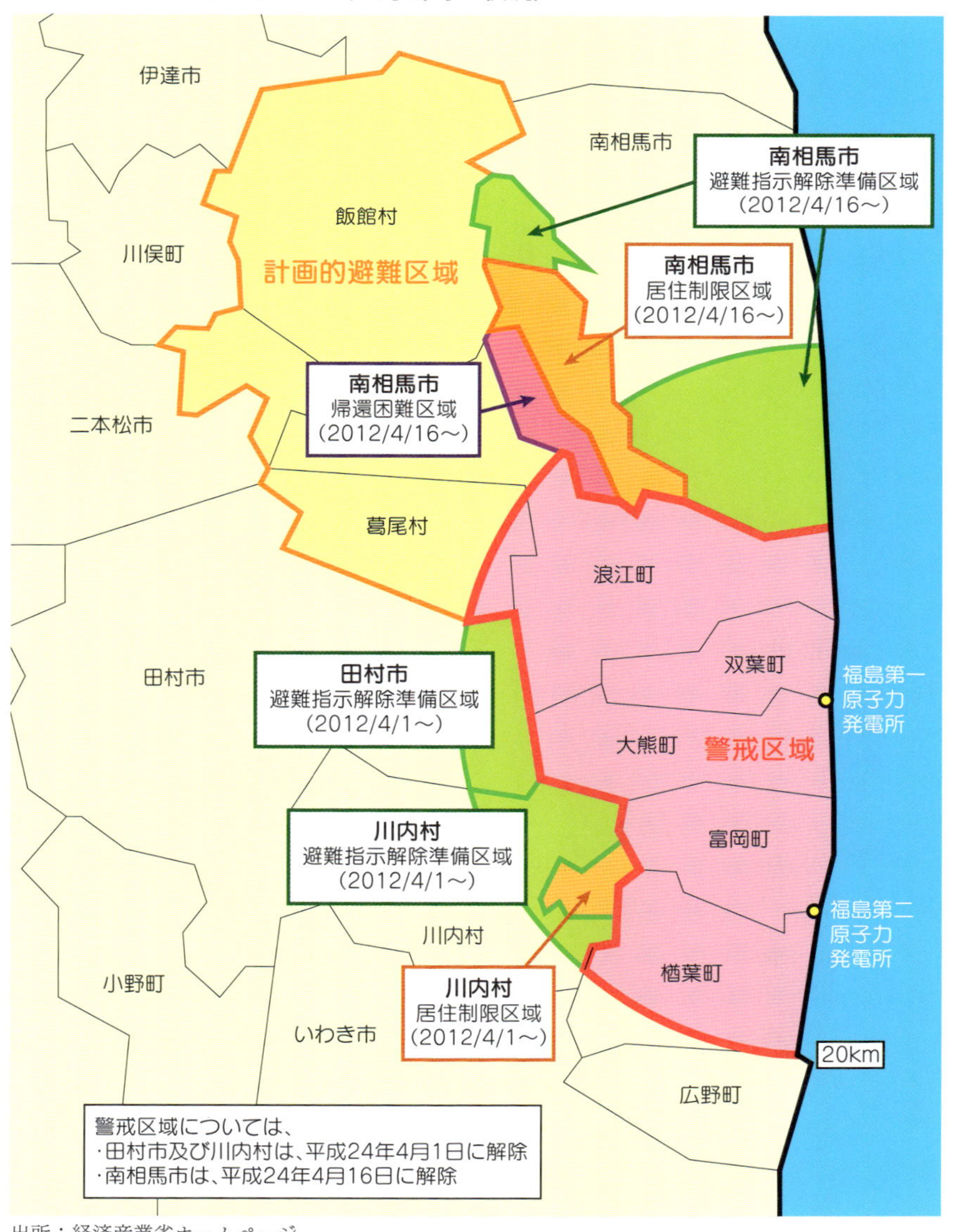

出所：経済産業省ホームページ

除準備区域です。地図で示すと一番上のほうに飯舘村がありますが、一つの村が三つの区域に指定されたのです（図2）。

飯舘村の場合は全村避難ということで避難そのものはそんなに問題にはならなかったのですが、隣の南相馬市は帰還困難、居住制限、準備区域、それからどれにも該当しない区域、それ以外にも20キロ圏とそれから30キロ圏などに分けられました。これが原因で例えば、高速料金が無料になるかどうか、医療費が免除されるかどうかというようなことが区域によって違うことになり、いろいろな混乱が起きました。問題だったのは、人の分断がかなり起こったということです。道路を境に隣は免除なのにこっちは免除されないとか、あるいは南相馬市は合併市ですから、昔の小高区と鹿島区という分断もかなり大きかったと聞いています。

震災当時の福島県民は２００万人ほどでしたが、約11万人の減少があったと２０１５年の国勢調査で明らかになりました。県外に避難した人もいたということです。飯舘村の人口は41名となっていますが、これはどういうことかというと、全村避難をするときに、老人ホームや菊池製作所という会社とか、自動車整備工場、サッシを作る会社など、屋内で仕事ができるところに関しては、できるだけ事業を継続したいと国のほうに要望して、屋内で仕事をするという条件で続けているのです。仕事をする人は必ず避難し、会社に通う形で仕事をするという条件で９社が許可されました。老人ホームの利用者はかなり減りましたが、継続は認められました。ですが働く人がなかなかいません。老人ホームに入居している人は、飯舘の住所でなければならないということで、飯舘村の住所・住民になっています。

図2　避難指示区域の概念図（2017年3月末時点まで）

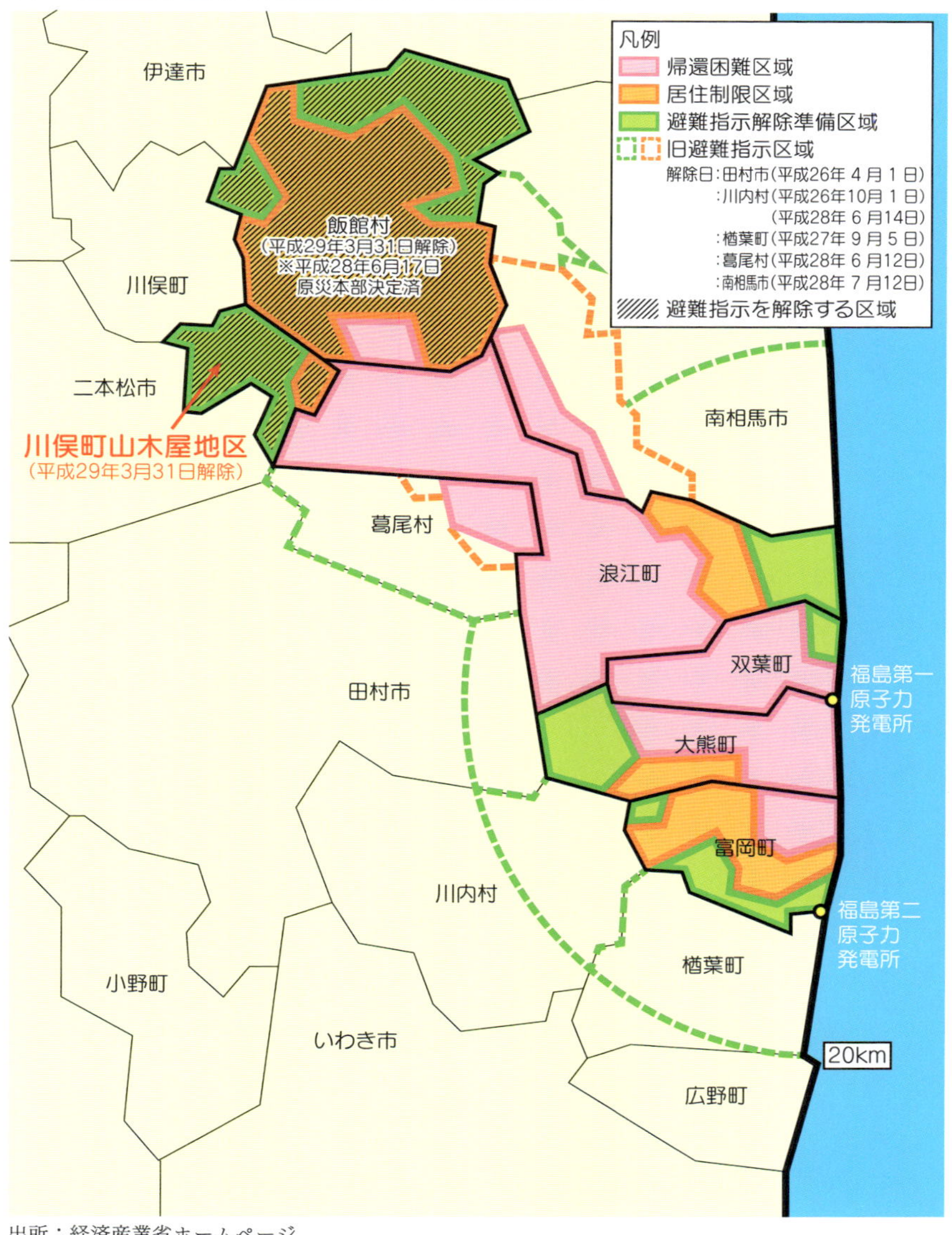

出所：経済産業省ホームページ

原発事故の収束と廃炉をめぐって

事故の収束と廃炉が復興の前提だということで、いろいろな活動をしています。東電でも様々な対策が取られていますが、見通しが立たない状況が続いています。今は第一原発の汚染水が大きな問題になっています。地下水の汚染です。地下水が流れるところで凍らせてしまう（凍土壁）という対策をとっていますが、どうしても凍らないところがあって、トリチウムやセシウムなどの放射性物質が海に流れていると言われています。汚染水の多くはタンクに入れて保管していますが、今そのタンクの数が1000基になっているそうです。津波があって電源喪失し、1・2・3号機でメルトダウンしました。それによるデブリの取り出しが廃炉作業の中心で、それに約40年かかると言われていますが、デブリがどうなっているかは今もわからない状況です。

東京オリンピックを招致するために、安倍総理は「汚染水はきちんとコントロールされている」と言ってきましたが、全くの嘘、デタラメです。私は様々なところで説明会などに取り組んでいます。第一原発は大熊町と双葉町にまたがるところにあります。事故を起こした第一原発の廃炉は当然ですが、それより南には第二原発があります。ここも廃炉にしろという運動を行っています。村や環境省が主催する説明会があれば、まずは国のほうに廃炉にするのかどうかと質問しますが、国は事業者（東電）の判断だとしか言いません。次に東電に同じ質問をすると、国のエネルギー政策を踏まえたうえで判断すると言い、廃炉にするとは絶対に言いません。何度聞いてもきちんとした回答は返ってきません。隙があれば再稼働したいと思っているのが、東電や国の姿勢です。

お話をして下さる渡辺勝義さん

増え続ける震災関連死

２０１６年８月22日の発表で、震災関連死が２０８６人になりました。今、避難生活をしている方が県内外合わせて８万８千人います。仮設住宅に限らず様々なところで厳しい状態で生活しているのです。ストレスや体調不良が進んでしまうことで関連死が増えています。どれだけ過酷な生活を送っているのかということです。こんなことをお年寄りに話すと、いつふるさとに帰れるのかといいます。先の見えない不安な状況が続いているのです。

避難解除をめぐって

最近問題になっているのは避難解除の問題です。帰還困難区域の線量は年間50ミリシーベルト以上を基準にしています。50〜20ミリシーベルトが居住制限区域、20ミリシーベルト以下が避難準備区域と設定されました。国の機関である復興加速化会議では、帰還困難区域を除く地域の避難解除がどんどん進められています。説明会の中でもいろいろ質問等が出るわけですが、原発事故の再発生や放射性物質の除染、それからインフラの環境整備など、住民の合意がされないまま進められてきています。本当に住民の合意というのがありません。楢葉町は去年の9月に解除されました。葛尾村、南相馬市については今年の7月に解除されました。このような中で帰還者は、楢葉については8・7%、葛尾については5・3%、広野は約半分の50%、川内は67%、南相馬市は8・7%です。あまり帰ってませんよね。来年の3月31日には、飯舘村も解除されることが決まっています。それに向けて、7月1日から長期宿泊が可能になり、また村役場も7月から村での業務を再開したということです。飯舘村では、交流センターや商工会館、消防署、来年の8月開業予定の道の駅などの建物の建設を進めています。それから仮設の入居については、2018年の3月まで延期が決まりました。来年の3月に解除だと言われていましたので、心配している人が多かったです。解除になったから出て行けと言われても、村に家を作りたい、あるいは相馬市に新しい住宅を作りたいと言ってもなかなか大工さんがいないので、すぐ移るということはできません。そういうのも考慮されて仮設入居の延長がされています。ただ5年たっていますから、仮設の損傷もひどい状態になってます。

事故による損害賠償

飯舘村では78%ぐらいの住民が農業をしていました。被災地では林業・農業・漁業の回復が厳しいと感じています。それから営業損害賠償の打ち切り見直し検討についてですが、今回の賠償は大きく分けると、精神的賠償、財物賠償、就労不能損害賠償、営業損害賠償となります。精神的賠償は1人月10万円です。これは2018年3月まで賠償されます。1人1カ月

10万円ですが、私たち村民と話し合って決めたわけではなく、交通事故などの賠償を参考にして決めた額だそうです。これは加害者が勝手に決めた額です。浪江町は35万円払えということで、ＡＤＲ（裁判外紛争解決手続き）を実施しています。ＡＤＲでは15万円の和解案が提示されましたが、東電が拒否して、話は進まない状況です。財物は、住宅、住宅の中にある家財、農地や山林を含めた土地などです。就労不能損害というのは、働いていた人がそこの職場がなくなったり、そこに住めなくなって働くことができなくなった場合の賠償です。これは前年の収入に相当する金額を東電が賠償するというものです。営業損害には、商業・工業の他、農業も含まれます。これも前年の実績を見ながら賠償されます。でも最近は打ち切りの話が出てきていいます。国や東電のほうに何度も交渉に出向いているのですが、徐々に賠償が打ち切られているのが現状です。

大量のフレコンバッグ

飯館村の除染状況ですが、２０１５年６月にだいたいの場所は終了しました。去年の後半からはフォローアップ除染ということで、ホットスポットと言われる、部分的に線量が高いところについて除染をするということになっています。農地や道路なども今年末までに終了させる見込みでいるようです。除染は、土などは上から10チセンぐらいはぎ取ってフレコンバッグに入れるのですが、そのフレコンバッグの量が除染の中で問題になっています。ものすごい数です。以前、村が主催する説明会で、フレコンバッグが今どのぐらいあるのかと尋ねると１００万袋以上あって、これからもまだ出ると言ってました。中間貯蔵施設もどうするんだろうと思います。

自分の家の前を見るとどんどん黒い袋がたまっていきます。威圧される感じがして気持ちよくないですよね。この前、福島市のほうに行く用事があって、途中、飯館の家に寄ったら、10アールあった自分の畑の土が掘り起こされてすごい状況でした。イノシシってミミズを食べるのですが、そのイノシシが土の中のミミズを食べるために掘り起こしていたんです。以前はいなかった野生のサルも出てきてひどいです。農家は本当に困っています。

震災直後の体験

私が働いていた事務所は南相馬市鹿島区にありました。震災当日もそこにいました。そこもやはり結構揺れました。事務所の近くにあった土蔵がつぶれたり、前にある道路が液状化したりしました。最初は地震だからと本棚を支えていたんですが、どんどん支えられないくらい揺れが強くなって、外に出てみると液状化していたし、土蔵がつぶれてたし、これは大変だと思いました。家に妻がいるものですから、家のほうに電話すると家がひび割れている、どうしようと言っていました。また、妻の実家は小高区という浪江町のすぐ隣の海沿いにあって、海から200メートルのところです。両親は安否確認が取れず、津波でどこかへ流されてしまったようだと、もうパニックになってました。私はすぐ家に帰って、小高区に行きました。まず区役所に行くと、役所もパニックでした。妻の実家は30戸ぐらいの集落だったのですが、あとかたもない状態でした。津波のため浪江町の中をぐるっと回っていきました。学校や公民館にも行ってみたのですが、もう何が何だかわかりません、両親の安否はわかりませんでした。その日の夜の12時ごろ、どうしようもないので帰りました。車はパンクしましたし、まわりの被害が大きいのでとても疲れました。次の日、遺体の安置所へ行きました。最初は高校に遺体が安置されていたんです。そのとき私が見た遺体はひどい状態ではありませんでした。

両親は、その後1カ月ぐらいしてから、DNA鑑定でわかりました。未だにわからない人もいます。うちの農協職員で、病気で医大に入院していて、退院して1日目で津波にあって、さらわれてしまった人もいました。女子職員には、津波で旦那、娘、息子、姑みんなが流されて、自分一人だけ残ったという人もいました。たいへんでした。

原発事故を知って福島市へ

3月14日に事務所を整理しに行くと、原発事故の爆発音が少し聞こえました。区役所に寄ったら、区役所の人に「何やってるんだ、原発爆発したの知らないのか」と言われて、その時、停電しててラジオもなくて、車のラジオをつければよかったんでしょうけど、頭が回らなくて。原発がそんなことになってるなんて知りませんでした。そこで初めて知ったのです。

役所の方から福島市のほうに避難したほうがいいと言われました。いったん家に戻ったのですが、事故が起きたことを知らない人たちは、農作業したり、いつものようにしていました。知り合いに事故が起きたと話しても、信用してもらえませんでした。妻も体の調子が良くなかったので避難するかどうか迷ったんですが、福島市のほうに2～3日の用意だけして行きました。福島市に知り合いがいたのでその家に泊まらせてもらおうなんて話を妻にすると嫌だと言うんです。だから、福島駅の前で車の中で泊まっていたら、寒くて、寒くて。たまたまラジオをつけたら、あづま運動公園体育館というところに人がたくさん集まっていると言っていたので、私たちもそこに行きました。

行ってみると2千人ぐらいの人が行ったり来たりしてました。みんな会津や山形や新潟や、いろんなところに逃げると言っていました。しょうがないよなあと思ってそこに避難登録し、あづま運動公園体育館に入りました。私は復興共同センターを立ち上げたので、そこに行きながら、4月ぐらいまで体育館で過ごしました。

避難しなかった人、すぐに戻った人も

私は、村の民生委員もやっています。飯舘村に83歳ぐらいの高齢のおじいさんとおばさんがいたのですが、おばあさんが認知症気味でした。おじいさんは絶対に避難しないと言っていました。仮設に入っても、まわりに迷惑をかけるから嫌だということでした。決まりは決まりなのだと説得したんですが、死ぬまでここにいるんだと言って。仕方ないので、私たちはそこに食べ物や着るものを運んだりして支援しました。

おじいさんは今年亡くなって、おばあさんは2年前に亡くなりました。家の前に、昔の家ですから縁側があってそこにいつも2人で座っていたんです。そうすると報道機関がものすごくたくさん入りました。いい格好だなということで写真を撮られたということがありました。こういう人だけでなく、アパートなどの避難先でまわりの人とトラブルになって、それが嫌で飯館村にもどる人も結構いました。正確な数字はわかりませんが、避難して1年たった頃には50〜60人は帰ってきたと思います。アパートの3階になんていたくないと言ってました。村は電気や水道にお金がかかりませんから、自由にもできました。

東電の馬鹿野郎ですよ

飯館は、畜産の村でした。標高４００〜６００メートルに農地もありました。昔は、冷害でかなり苦しんでいたそうです。村のブランド牛を作りたいということで、飯舘牛をブランド牛化しようと村も農協もずっと頑張って、20年ぐらいかけてやっと形になり、飯舘牛がかなり高く売れるような状況になり、軌道に乗ってきました。畜産は３００戸ぐらいありました。

そんなときに原発事故があって、牛を移動させることもできない、餌もない、今までたくさんの資材を投入していて、諦めがつかない状況があったそうです。酪農も11戸ありました。最初に牛乳にセシウムが出ました。みんなが夜集まっていろいろ話し合って、酪農を休業しなければならないという話になったそうです。山奥で牛を飼って、乳を搾って生活していた老夫婦の話ですが、休業するということは、牛を殺処分するということで、そこにいた老夫婦がトラックに牛を積んで、ごめんね、ごめんねと泣きながらトラックにすがっていたということがテレビで報道されました。何とも言いようがない気持で見ました。

また、「原発事故がなかったら」という言葉を残して自殺した青年の酪農家や、「私の避難先はお墓です」という言葉を残して自殺したおばあさんがいました。言葉にならないです。東電の馬鹿野郎ですよ。

長く仮設住宅に暮らす大変さ

仮設住宅に住んでいる人から、いつ村に帰れるんだといった内容の電話が役所に来るそうですが、「仮設では死にたくない」と訴えているそうです。仮設暮らしは、もう限界です。夏は暑いし、冬は寒い。最近2台目のエアコンが取り付けられましたが、それまでは1台しかありませんでした。仮設は天井が低いので室内の温度がすごく上がります。私もずっと仮設に暮らしていました。隣の人のいびきが聞こえたり、怒鳴り声が聞こえたりして、トラブルになるケースもありました。最近では、カビが発生したり、施設の劣化が問題になってきています。こういったことからストレスが溜まって、うつ病と診断される人も多いようです。

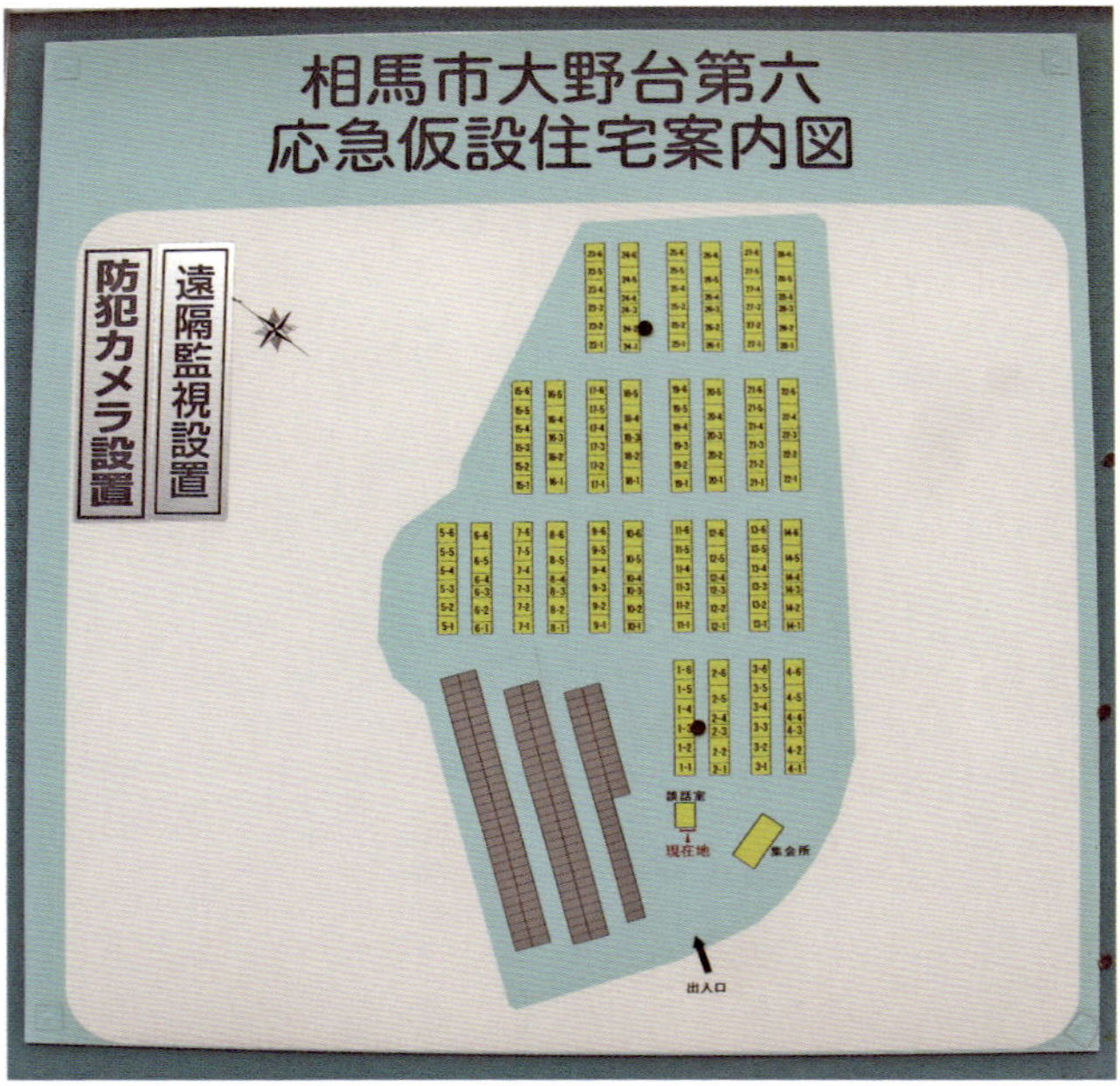

お話をうかがった仮設住宅の案内図

　私事ですが、私もパートナーとの喧嘩が絶えませんでした。病院へ行くと、仮設から出ないと治らないと言われたと言っていました。しかし、借り上げ住宅は見つからない。我慢するしかないのです。その後、胃潰瘍になってしまって、それから胃ガンになって。去年の7月に胃の全摘手術をして、ものを食べられなくて、半分ぐらいに痩せてしまいました。毎日点滴をして本当に大変でした。ずっと頑張ってきましたが、今年の7月に亡くなりました。本当に残念です。こういう経験をしている方はたくさんいると思います。

遅れる除染、帰村についてのアンケート

当初、飯館村は２０１３年までに除染が終わるということでした。農地は5年で終わらせるという説明を受けていました。その通りいけば、もうとっくに帰村し、生活している頃です。実際には、除染が遅れたとか、仮置き場がないとか、様々な理由があって、全く予定通りにいっていません。５年経っても、まだ仮設に住んでいます。里山の除染はしないということになりました。宅地や農地から約20メートルまでは除染するということです。里山でも公園のようなところやシイタケなどを栽培しているところは除染するところもありました。今は、宅地は１００％、農地は約半分、道路は40％の進捗状況です。しかし、住民からはホットスポットがまだまだあるから再除染してほしいという声がたくさんあがっています。そして、中間貯蔵施設の問題です。そこに運び終わるのはいつになるのかと懸念する声が多いです。

帰村について２０１３年、14年、15年にとったアンケートです。「戻りたい」「分からない」「戻らない」「無回答」で見ると、13年には「戻りたい」が21・３％、「分からない」が36・１％、「戻らない」が30・８％、「無回答」が11・９％です。15年になると若干「戻りたい」という方が増えて32・８％です。今の除染をした結果などを見ながら、そういう判断に変わってきているのでしょう。しかし「戻らない」も31・３％、「分からない」が24％という結果でした。「戻りたい」と言っているのは、ほとんど40歳以上の人です。村に帰って事業をやりたいという人もいますが、ほとんど老人です。「戻らない」といっているのは、ほとんどが若い人です。５年経ってます

から、避難先での生活ができてきています。子どもの学校の関係だとか、放射能が怖いというのがあってもう「戻らない」と決めているわけです。

子どものいない村は考えられない

学校がかなり問題になってきました。以前は、臼石小学校、草野小学校、飯樋小学校と三つの小学校がありました。今は仮設の学校になっています。いろいろあって校長は1人になっています。中学校は、福島市の飯野町に仮設の学校を作って授業を行っています。6割の子どもたちは、村の教育現場から離れたようです。これから飯舘で再開しても数が減るでしょうね。当時の検討委員会は避難解除の２０１７年4月と同時に小・中学校も再開すると発言したそうですが、父兄の皆さんから批判が来ているみたいです。再開はまだ早いとか、通わせたくないとかいろんな意見がでてきたそうです。最近では、飯舘村に統合学校をつくって、避難解除から1年後にそこに小学校も集約して、１カ所で教育現場を行いましょうということを計画しています。準備期間が必要だということで２０１8年の4月に開校する予定で進めています。

メリットやデメリットはいろいろあるようですが、やはり学校再開は村の行く末に直結すると、子どもや若者がいない村は考えられない、本当に心配になってくるんですよね。ただ学校を再開しても、通うとなればスクールバスが必要です。その問題がどうなるか、まだ分かりません。

それから、営業を止めていたセブンイレブンも再開し、消防署も立て替えて、今年の7月に再開しました。また交流センターは今年の8月に再開しました。診療所の飯舘クリニックですが、過疎地ではいろんなやり方があり、公設民営という方法をとっています。公設民営というのは、市町村で施設を準備して、経営は民間の病院に任せるということです。いろんな設備や場所は村のほうで準備して、そこに民間の病院が入るということです。福島市にあづま脳神経外科という病院があるのですが、そこが診療所に入り、９月から診療を開始しました。今はまだ火曜と木曜だけの診療だと思います。だんだん人が多くなれば診療日数も増やすということだと思います。道の駅は来年の春に完成して、８月に開業する予定です。

農産物の風評被害

風評被害で買ってもらえない農産物についてですが、私は当時農協にいて、かなりダメージを受けました。津波で施設が被害を受けて、加えてこの風評被害があって、大変厳しい状況になりました。そんな中でも何とかしたいということで、職員みんなで頑張って、県外のいろんなところに行って、いろんな話をしながら、福島へ足を運んでください、実際に見てください、実際に福島のものを食べてください、といろいろなことを言ってきました。本当にみなさんのようにこうやって来ていただけるというのはありがたいことなので、感謝をしています。県内の農協（ＪＡ）はかなり合併を進めています。

労働組合の取り組み

それから労働組合の取り組みですが、原発についての関心が全国的には薄くなってきていきます。特に東京から西に行くとだんだん風化してきていると言われていますが、以前は、土・日になると、学生さんなどが視察に来ていました。私は積極的に現地を案内したり、いろんな話をしたりしてきました。飯舘村に行きますと、帰還困難区域（長泥）があり、ゲートが作られて中に立ち入ることができません。私はいつもゲートの所まで案内していました。線量も測って、こんな状態ですよと話していました。今、川内原発や高浜原発、伊方原発などで再稼働の問題が出てきています。この前も鹿児島県知事さんが頑張っていたようですが、私たちは福島の原発については、福島第二も当然再稼働はしないというふうに進めています。今、福島では「オール福島」として廃炉、再稼働反対、あるいは避難者の住宅確保、生業の再建、除染と完全賠償、県民の健康管理と、こういったことについて国や東電は責任を果たせという運動を頑張っています。みなさんにも今後いろんな形で協力をお願いしたいと考えながら、いろいろ話をしてきました。

できなくなった「までい」事業

持ってきた飯舘村のパンフレットには「までい」と言う表現があるのですが、「までい」の意味はわかりますか？　「丁寧に」「心込めて」といった意味です。小さい頃にご飯を残すと、親に「までいに食べなさい」と言われたりしました。震災前は畑でいろいろな野菜、トマトやサツマイモやキュウリを植えたり、いろいろしていました。村の「までい」事業の中で、都会の子どもを呼んで、収穫体験をしてもらったりしていたんです。特に神奈川県の大和市の子どもを呼んで、農家5～6軒で収穫を楽しんで、それから村の行事をしたりしてました。

その後、千葉の松戸のマンション暮らしの家族が、3日間泊まって、メロンやスイカなど、

飯舘村のパンフレット（2015年11月30日発行）

いろいろなものを作るといったこともありました。自然の川をせき止めて、そこに魚を放して、魚をとってもらうという、都会の子どもに田舎暮らし体験をしてもらっていました。子どもたちは本当に喜んでました。そういうものが全部できなくなってしまったのです。

仮設に入居した時の6点セット

仮設住宅は、ひとり暮らしの人は1部屋です。4畳半くらいの大きさです。2~3人の家族になると、僕は2人で住んでいたんですが、4畳半が2間と台所とトイレとお風呂となります。みんな、一生懸命整理していますよ。うちの奥さんは物をいろいろ集めていたので、狭いからぎゅうぎゅうでした。

仮設に入る時には、赤十字が支援してくれた6点セットがありました。冷蔵庫、電子レンジ、炊飯器、掃除機、テレビ、洗濯機で、当初は電気こたつも仮設のすべて、借り上げ住宅にも支給されました。エアコンは当初は1台でしたが、1台ではどうしようもないという話をしたら、寝室にも一つ入って、2~3部屋ある人のところについては2台までつくようになっています。

仮設で物が壊れた時には、管理人を通して村の支援センターに連絡して直してもらいます。

僕も直してもらったことがあります。ただカビが生えたとかそういったことについては、自分できちんと掃除なり、カビ取りをするなり、そういうことをしなければならないと思います。自分でできるものには自分でやって、壊れたりしたものについては直してもらうということです。

若い人に雇用をつくらねば

飯館村の村長は菅野典雄という人です。かなりマスコミにも顔を出すようになりました。村の中の箱モノの建設には、国からかなりの補助金が出るんです。立派な交流センターも70％か80％ぐらい国の補助金がつくというので作ったと聞いています。

箱モノよりも将来の雇用につながるものをつくりたいということを言ってきました。若い人の仕事がないと村の未来はないですから。今まで東電の恩恵など何も受けていなかったのに、こんなことをされたのだから、東電関係の、廃炉なら廃炉の研究機関とか、箱モノよりもそういうものを作ってはどうかと。特に今は再生可能エネルギーがこれだけ見直されている時代ですから、たとえば太陽電池を作るような工場でも作れないものかとよく話をしたのですけれど、そこまではいってません。そういう2千～3千人ぐらい働ける工場でもできればいいのですが。交流センターや道の駅では、たいした雇用者は出てこないと思います。そんなことを言っている私も、相馬に家を作りました。相馬高校の近くに小さい家を作って、時折、村に行ったりと、そういう生活をしています。

賠償金をめぐる住民同士のトラブルは

農家への営業損害の賠償については、県内の農協を統括している中央会という組織に委任状を出して、全部そこがまとめて賠償請求をして、農家への賠償を行う形になっています。震災前の収入や売り上げに匹敵する賠償がされてきたんですが、今、２倍出すからこれで打ち切りだとか、あるいは因果関係がきちんとなければ、それが証明されなければ出せないとか、そんなことを言って、出し渋る動きが出てきています。

賠償金の違いによる住民のトラブルについては、飯館村は全村避難で、避難準備区域と居住制限区域の扱いはほとんど同じでした。違ったのは、帰還困難区域です。帰還困難区域というのは、いろいろな賠償の中でも、精神的賠償で１人７００万円くらいの賠償がされています。その点では、あそこはあんなにもらっているのにという声は若干ありました。私たちは、自分の賠償については案外人に言わないのです。分断とか対立とかの問題が起こる前に、口に出さないということはあるようです。賠償については労働組合でもいろいろ相談にのっています。道路を挟んで隣は賠償になるが、こちらは賠償にならないというようなことは飯館ではないのですが、南相馬だとか、そういうところではかなり出ています。お金だけでは済まされないんですけれど、結局はお金の問題になってしまうんです。

いわき市に避難した人からは、たくさんお金をもらってこんなに立派な家を作ったという理由でいろいろいたずらをされるとか、そういう話は聞きました。ここの仮設には、相馬双葉漁協で漁業をやっている人もいました。その人たちには、漁業ができなくなったことについての賠償はあるんですが、家は津波で流されてたのでそれについては東電からの賠償がありません。それで飯館の人が家に住めなくなったことの賠償があることとは違いがありました。あまり軋轢というのは感じられませんでした。でも、まあ人間にはひがみがありますね。

《Day3》を振り返って

9月7日・第3日目

石川　3日目は、古滝屋さんを出てバスで北上し、まず浪江町に入っていった。浪江町は2017年4月に一部への「帰還」が許されるようになるということで、その準備を急いでいたね。それから南相馬までさらに北上して、その途中、使えなくなっている農地の話を三浦さんからずいぶんうかがった。お昼すぎには「野馬土（のまど）」に着いて、カレーを食べて、お米の全袋検査の話も聞いた。その後は大野台の仮設住宅で、飯館村から避難された渡辺さんのお話を聞いて、宿泊は松川浦の亀屋さんにお世話になったね。

事故の瞬間に屋根があったかなかったか

小才度　浪江町を三浦さんに案内してもらった時の家の賠償金の話にびっくりしました。地震と津波で建物が壊れた家には東電からの賠償がなくて、屋根が残っていた家だけに賠償金が出たという話。最初は、何のことかわからなくて。結局、原発事故の前に家が使えなくなっていたのか、事故ではじめて使えなくなったのかということだったんですけど、実際に、賠償金をもらったり、もらえなかったりした人の感覚としてはどうかなと。賠償金というのは、もらう人のためになるものというだけの理解だったんですけど、今回の旅では、賠償金のあり方をめぐるいろんな対立やすれちがいがあることを知って、とてもショックを受けました。南相馬の小高という地域には、除染をしている人がいたんですけど、その除染は「フォローアップ除染」だということでした。国は計画どおり2016年3月31日までに除染は終わったことにしたいので、やり残した部分についてはフォローアップという別の名前をつけて作業をしていると。こうなると現実を言葉ですりかえているだけじゃないかと思いました。あと、三浦さんが「あそこに原発がある限り、私たちに希望はない」っておっしゃったこともとても印象的でした。三浦さんは原発事故のために自分の土地で農業ができなくなってしまったわけですが、そういう体験をした人たちの実感なんだなと思いました。

川上　初日の伊東さんの話や早川さんの話でも政府に嘘をつかれたということがありましたけど、フォローアップ除染もその一つなんでしょうね。そんなこと言ってたら、ますます市民に信用されなくなると思うんですけど。

石川　中間貯蔵施設の廃棄物を30年後にほかの県に持っていくという政府の説明を、誰も信じてないという話もあったね。初日の伊東さんの話でも、県民は東電に嘘をつかれた、政府にも嘘をつかれた、少なくない学者にも嘘をつかれた。だから、いわゆる偉い人が上から何か言ったって誰も信じませんよ、そういう状況がつくられてしまったんですと言われていた。それはかなり広く共通した実感なんだろうね。

荒れ果てた農地の海ですよ

石川　浪江町から南相馬にバスで移動する途中、三浦さんが窓の外の景色を「荒れ果てた農地の海ですよ」と言っていた。元の姿を知らない僕は気づきもしなかったけど、そこには誰かの畑が

太陽光パネルが置かれた三浦広志さんの農地

あって、誰かの田んぼがあって、秋にはいろんな実りが生まれていたんだね。それが全部だめになってるんだという憤りが「荒れ果てた農地の海ですよ」という一言に込められていたように思った。合わせて「テレビ映像には出ませんけどね」って言われたのも印象的で、自分の田んぼにソーラーパネルを置くしかなくなっていることも、その土地自体をつくってきた農家にとっては、悲しくて、悔しいこと以外の何物でもないだろうしね。

景山　都会に暮らしている人間は田んぼや山を見ると、緑豊かで自然がいっぱいだ、と思ってしまう。でも三浦さんのように、農業や林業など、その土地に生きてその土地を育ててきた人からすると、彼らが見ている農地は、私たちがみているそれとは全く違うのかも知れない、と思いました。以前にあった山や田畑の表情が失われてしまっているのに、それが失われているということに気づいてもらえない。その悔しさを、私たちはどうやったら汲み取れるのか。

小南　私も除染したゴミが入った黒い袋とか、ソーラーパネルなんかは目につきやすいんですけど、元の田畑まで想像して見るっていうことはできなくて。ずっとその場にいて、その変化を知っている方にお話を聞くことの大切さがよくわかりました。自分で想像力を働かせるのももちろん必要なんだけれど、直接その思いを聞くということが欠かせないなと思いました。

食べ物をつくる人、線量を測る人との交わりが

石川　三浦さんたちの事務所が入った「野馬土」という施設の名前は、フランス語の「土地を追われた民」という意味の言葉と、日本語の「野に開かれた窓」っていうのをかけてつけたということだった。そこで、お昼ゴハンを食べて、米の全袋検査の話を聞いたね。

小才度　米の全袋検査で、もう何年も基準値オーバーが出てないということは知っていました。大きな測定器があって、その前には、刈り取り直前だったのでお米をいれる袋も山積みになっていましたね。でも三浦さんが「全袋検査をしても、安全だと思うかどうかは人の心の問題なので」と言われていました。消費者が不安に思うから測定するんだけれど、国や学者などに何度も騙された実感をもっている人たちからすれば、検査結果自体が信じづらい。そんなことがあるのかなと思いました。２日目の里見さんの話につながりますけど、測れば逆に「風評被害」が続くだけじゃないか、いつまで測るんだという意見もあるということでした。でも、測らなければ測らないで、逆に「どうして測らないんだ」という声が出てくるように思います。

石川　「基準値以下でもいくらかは出てるんでしょ」っていう声もあるだろうしね。放射性物質や放射線は、事故のあるなしにかかわらず世界中のどこにもあって、人はみないつでもある程

相馬市の野馬土でいただいたカレーライス

度の被曝をしながら生きている。僕は赤ん坊の時から、もう60年近くもね。その日常的な被曝量から考えて、1キロ当たり100ベクレルという基準は十分に低いし、さらに、全袋検査をしているお米はほとんどすべてが、それよりずっと低い検出限界値以下にしかなっていない。そういうことがこの数年間、毎年確認されているにもかかわらず、なかなか消費が回復せず、そのかわりに、全袋検査が行われていない福島以外のお米が選ばれている。それは検査されていないのにね。このあたりの問題を解決するには、放射線のそもそもに対する市民の理解を深める取り組みも必要なんだと思う。

疋田　食べ物だから「安全・安心」に加えて「おいしい」というアピールも必要ですよね。品質を高めることと、それをうまくアピールすることが。小松さんの話につながりますけど。

景山　私の場合、福島の問題に真剣に取り組み、原発に反対している方たちからいろいろ情報を得る機会があって、このゼミ旅行に参加する前から、例えば米の全袋検査のことも聞いていました。こういう問題に非常に関心が高く、いろいろ調べてるはずの人から、「いや、でも実際はそこに汚染された米も混ぜ込まれてますよ」とかね。それは一体どこからの話かよく分からないんだけれども、少なくともデマを流そうという意図ではないし、それなりにいろんな情報を集めて知ってる方からそういう風に聞いちゃうと「えっ？」と思ってしまうわけですよ。今回初めて検査の場所に行って、全袋検査の実態を見ると逆に福島の食品の方がかえって安全なんじゃないかとか実感として思ったりして。4日目に行ったブドウ農園もそうだけど、農作物の性質や栽培の方法など伺うと、関西の方が危ないのかもとか、いろいろ感じることがありました。そういう農家の方たちの取り組みにかかわらず、「汚染されている」といった話が出まわるのは、今の原発政策に対する不信感が根底にあるのではないでしょうか。実際に米を作っている農家の人、漁師の方、農園の人と接すると、公表される数値がなぜ信用できないのかなと思います。それにもかかわらず不信感がぬぐえないのは、「福島」にいつも張り付いてくる原発行政のあり方があるんじゃないかな。現場の人がどんなに頑張っても、風評被害になるからといった理由をつけて、いろんな情報を隠そうとする政治姿勢が見えて。その意味では、風評被害の根っこに原発があるのはもちろんだけど、原発という問題への政治的取り組み、政策に対する不信感がすごく大きいのかなと今日は思いました。

小南　情報ってどんどんねじ曲げられてしまうものだし、自分も無意識のうちにデマを流してしまう可能性があるのかなと思いました。福島での風評被害は、福島の人たちだけが考えなければならない問題ではなくて、私たち一人ひとりが原発問題にかかわらず、どの情報を信じるかどうかの全般にかかわる大問題じゃないかと思います。

岡田　文献や映像で、情報として安全だと知っているだけでなく、実際に食べ物をつくっている人や線量を測っている人、それからそれを食べている人と接することが大切だと思います。どこかのだれかが作って、どこかのだれかが測ってだと不安が残るけど、目の前にいるこの人が作った、測ったとなると随分安心感が変わりますよね。

石川　そうだね。伊東さんが人々の対立の問題にかかわって、人と人の草の根の交わりを通じた解決の必要を強調されていたけど、それは被災地周辺や福島県内だけの話じゃないんだよね。被災地で苦労している人と、遠くに住んでいる我々の間にもありうることで、さらに我々が住んでいる地域の内部に含まれている人と人の対立の問題でもある。僕たちはその日常の交わりの大切さを再認識しなければならないんだろうね。数年前に相馬双葉漁協の漁師さんから話を聞いたんだけど、その時にも同じような思いを持った。漁師という仕事に誇りをもって、それを再建したいという熱意を持った漁師さんと接しながら、同時に、海産物の線量をどう測り、どう判断しているかという福島県の水産課の職員さんの話をうかがったんだけど、科学的な分析の結果を知るとともに、それを行い、語る人への信頼が必要なんだよね、事柄を納得するということのためには。そう考えると、福島で時々「来てくれるだけで嬉しい」と言ってもらえることの意味が、一つ深くわかる気がするね。

東電の馬鹿野郎ですよ

川上　その後、相馬市の大野台にある仮設住宅のサポートセンターで、飯館村から避難してきた渡辺さんの話をうかがいました。飯館村は、2017年3月末で、一部を除いて避難指示が解除されるそうで、もともと三つあった小学校も一つにまとめられて再開されるということでした。でも、小学校は小さな子どもが通うところだから、当然大人の人は線量をどうとらえるかもふくめて、いろんな判断をするわけで、単純にみんなが再開を喜ぶということにはなっていない。学校再開という言葉だけを聞くと、ああ復興が進んでいるなと思えるんですけど、現実はそう単純ではなくて複雑なんだなと。お話はわりと淡々としていたんですけど、途中「東電の馬鹿野郎ですよ」と言われたところに、すごい怒りが込められていて、それがとても印象的でした。

石川　ぼくは、渡辺さんのすぐ横に座っていたんだけど、「東電の馬鹿野郎ですよ」っていった時にはすごく感情を抑えられてたよ。目に涙が浮かんでいて、ご家族の話もしてくださったけど、そういう悔しいことや悲しいことがいっぱいあって、それに対してものすごく強い感情をもっているんだけれども、それを「東電の馬鹿野郎ですよ」っていう一言に抑え込んでるって感じがした。その一方で印象的だったのは「いいですよ、飯館村」という言葉。これは繰り返し言われてたでしょ。その「いいですよ」という自慢の村が、人と人のつながりをふくめて奪われてしまった。それは「東電の馬鹿野郎ですよ」という言葉の裏返しだったんだろうね。帰りのバスに乗るところまで一緒に歩いて見送りに来てくれたでしょ。次の予定がなければ、僕は「ちょっと飲みにいきませんか」って声をかけさせてもらって、もっといろんな話を聞きたい気分だった。

景山　見えなくなるまで手を振ってくれましたよね。多分これは飯館のことだけではないのですが、賠償金をめぐる問題はここにも見えていました。「お金だけではすまされないものがあるけど、結局、賠償というとお金だけの問題ですまされてしまう」というところです。いわきの小松さんは、漁師が海に出られなくなって、その間、補償金という形でお金を貰っているけれど、そうするといざ海に出て自分で漁をしようとすると体力も落ちちゃってて、それができなくなっている自分に愕然とさせられるって。漁師としての腕というか誇りみたいなものが失われるとおっしゃってましたよね。それは三浦さんの、農家の方のお話も同じで、これもやらないとガクンと力が落ちて、自分がそれで今まで食べてきたという誇りになっていたものが失われる。そこに補償金っていう形があてがわれて、「これでいいんでしょ？　あなたのコメの生産高はいくらで、賠償金はこれだけ」って算出されても、それではお金に換算できないものが削ぎ落とされてる。この痛みっていうのは、どう言葉にしていったらいいんだろって。飯館の渡辺さんの話にもそれが共通してるなって思いました。

石川　小松さんが、原発事故は人の尊厳を破壊したって言ってたよね。確かに漁師の誇りとか、農家の技とか、人々の街への愛着とか、作りあげてきた人間関係とか、引き継いできた地域の伝統とか、そんなものがまとめて吹き飛ばされてしまう。避難って一言で言うのは簡単だけど、長期に渡って、村ぐるみ、町ぐるみで避難を余儀なくされるっていうのは本当に大変なことだよね。

小南　原発事故で失われたものって、被災地では、その人自身をつくりあげてきたすべてのものなんだと思いました。たった一度の事故で何もかも潰されて、その場所自体はきれいに残っているところもあるのに、住めなくなって、知らない場所に住まわされて、そんな悲しいことは

旅館・亀屋のロビーに貼られていた地図

ないなと思いました。

景山　飯館は結構映画にもなっていて、その中のあるおばあさんの話なんですけど、ご先祖様からずっと引き継いできたものがだめになったっておっしゃる場面がありました。農家の方は、ずーっとご先祖様がその土地を作って、その畑を作ってきて、それを自分たちも次の世代に引き継ぐはずだったんですよね。それを当たり前だと思っていたのが、原発事故のために果たせなくなった。これも見えないけど、みなさん共通して思ってるお金に換えられないものかなって思いましたね。

石川　その夜は相馬市の旅館・亀屋にお世話になった。宿に着いて、ここはどのあたりなんだろうとロビーに貼られた地図をながめていたら、旅館の方が声をかけてくれて、松川浦という細い腕のような形の土地でかこまれた静かな湾の内側なんだけど、津波があった時には、その腕が１００メートルぐらい波にもっていかれた、津波は旅館の前を横切る形で進んだので、この旅館が直接、水につかることはなかったんだけどって、教えてくれた。

9月8日（木）

8時から朝食をとり、9時前にはバスで西へ向かう。10時半には福島市のさくら保育園に到着。震災時の園長・斎藤美智子さん、現園長・安彦孝さんのお話（174ページ）を聞き、12時半からは、市内の野崎果樹園でブドウをいただき、野崎隆宏さんのお話（187ページ）をうかがう。2時には、福島医療生協わたり病院の組合員ルームに移動。ふくしま復興共同センター子どもチームの佐藤晃子さん、鈴木眞紀子さん、町田理恵子さんが用意してくれた地元のごはんをいただき、震災から今日までのそれぞれのご苦労、取り組みなどをうかがっていく。4時にお別れして、5時20分に福島空港へ。7時半には大阪（伊丹）空港に到着。全日程の終了となる。

放射線を心配しなくていい、制限のない保育を

斎藤　美智子（さくら保育園前園長）
安彦　孝（さくら保育園園長）

何が起こったのかわからなかった

私たちも原発事故については、何が起こったのかわからなかったのです。常識的に放射能は怖いもの、恐ろしい影響を及ぼすものという話だけが、まずテレビやネットを通して入ってきました。こんな大変な事故は初めてでしたから、その中で大人たちが右往左往して、事故当初は問題を大人目線でしか考えていなかったように思います。大人がどんな影響を受けるんだろうと。ですから、子ども目線で考えるには保育関係者が動かなければなりませんでした。そんなこともあって、目の前の問題を解決するには放射線について学ぶしかなかったんです。においもしないし、見えないし、音もしないしっていうこの放射性物質について。

この保育所は原発から60キロ離れています。県内に原発があるのは知ってましたが、この私たちのところにまで影響があるものだということは、被害が起こってから知ったというのが正直なところです。みなさんどこの地域のご出身かわかりませんが、意外に近くに原発があったり、全国の中でも3カ所再稼働したりというところでは、いつみなさんの身に降りかかってもおか

しくない問題だと私は思っています。

安斎育郎先生と出会って

事故があって、子どもたちが外に行けなくなって、外で遊べないという暮らしが当初ずっと続きました。でも、子どもの育ちを考えると、この放射能を理解して、どんな手立てがとれるのかということを探っていかねばなりません。その時に安斎育郎先生（立命館大学名誉教授）が福島に来られて、市民講座などで話を聞くことができました。その後、安斎先生にはこの施設にかなり丁寧にアドバイザーとしてかかわっていただき、私たちは、プールで水遊びをしたり、散歩はどうやったらできるかを考えたり、そうやって子どもたちの暮らしをひらいていくことができました。安斎先生の存在感は大きかったです。

ただ、どれだけ著名な先生でも、子どもたちの保護者は「あの先生が言うんだからその通りだね」とはなりませんでした。それについては、事故直後に、様々な専門家がいろいろなことを言って、そこには正しい情報もあれば間違った情報もあったので、専門家に対する不信感があったと思います。誰かが言ったことがその通りだとは限らない。ネットのその情報は違うよって言いながら、メディアにも振り回されるということも。だから、安斎先生に関わってもらえたから、それですぐにみんな安心でオッケーだという簡単なことじゃなかったんです。

子育ての姿勢をめぐる信頼関係から

振り返って、どうやって私たちが子どもたちの生活や遊び場を広げることができたかを考え

事故当時の園長・斎藤美智子さんからお話をうかがう

てみると、保護者と保育士の互いの信頼関係が大きな役割を果たしました。保護者が保育士に「先生たちがとっても親身に頑張ってくれたから、考えてくれていたから、信頼できた」と言われました。そういう言葉を聞いて、励まされながら、担任の先生が散歩コースの放射線量を測りにいったり、水を入れたペットボトルを並べて放射線を遮蔽する作戦をとったりしました。また事故以前からの保育を通じた信頼関係が、事故後の子どもたちを親身に思うという点で、お互いの信頼関係の土台になったと思っています。それがあったからここまでこれたんだと私は思っています。

さくら保育園は、今年で37年目なんですけど、保護者と一緒に子どもを育てるという方針を大事にもっている保育園です。事故の後、心配してかけつてくれたOB（卒園児）もいました。人とのつながりで、ここまで支えられてきたと思います。

2012年には、食材をすりつぶさなくても放射線量を測定することのできる機械を導入しました。内部被爆を防いで、おいしい給食をつくるためです。

子どもたちは散歩の山を奪われた

福島市内は、見た感じ、欠けているものはなにもないじゃないですか。放射能は目に見えないんですよね。園庭にモニタリングポストが置かれているという以外は変わったところはありません。でも、放射能は怖いんです。そんな不安の中で5年間です。事故の前は、あの山にも子どもたちと散歩に行っていました。今は入れません。子どもたちは、山を、自然を奪われたと私は思っています。その中で、道々、行き先の線量をはかって、できるだけ散歩コースを広げてきました。

ただ、震災後に入ってきた職員もいます。その職員は、以前の散歩に行ったことがない。だから山に散歩に行けないことの重大性がわからなくなります。そこは、子育てに本当に必要な保育内容を繋いでいかないといけないとも思っています。

放射能は見えないけど、必要な対応があるから、通常の保育にプラス・アルファが必ず付いてくる。それは福島の現場にいる保育関係者がしゃべらないと、まわりの人には見えないんだと思います。だから、こうやってみなさんに来ていただけると、とても伝えやすい。来ていただけるのはありがたいです。

あぜ道や土手もなくなって

園庭の土の中には、まだ放射性物質が埋まっています。それを別の場所に移そうという自治体の動きが、今ようやく出てきたところです。5年以上もたっているんですけどね。周りの道路も、除染してきれいにしたのは去年くらいですが、その中で私たちは保育園の敷地内だけを、専門家の力も借りて徹底的にきれいにして、せめて敷地内では安心して遊べるようにしてやりたい、そういう条件を作ってきた日々でした。でも、お米を作っていた田んぼが、今は太陽光パネルでうまってしまいました。田んぼがあった時には、そこも子どもたちの遊び場で、あぜ道を歩いたり、土手を滑ったりする場所でした。だから震災で失ったものはいっぱいあるんですね。見た感じでは、特に欠けたものはないって見えるのでしょうけど。

ようやく本当の竹で流しそうめんが

お世話になった安斎先生とは、今は先生個人よりも先生が加わっている「福島プロジェクト」のグループとして関わっていて連絡をとっています。3～4年前には保護者の忘年会に来てもらったり、また育児講座をしてもらったりもしました。

本当に1個ずつの復興みたいな感じです。今年は、本当の竹で流しそうめんをしたんですよ。震災前は、それが当たり前だったんですけど、自然の竹が汚染されてしまって、仕方なしに「雨どい」で流しそうめんをやってたんです。今年はその竹も復活しました。私たちは事故前のような暮らしの中で、自然の中で、子どもたちはたくましく育つと思っているので、それを少しずつ回復しています。これからもこの歩みを進めたいと思っています。

89人の子どもが8人に

事故当時は子どもたちが89人通っていました。それが事故の次の週には8人くらいになりました。放射能汚染のために避難された方もいたんですが、電気が止まったり、水が出なかったりという地震の被害で避難した方もいました。ですから、必ずしも原発事故だけによる避難ではなかったです。

原発事故による避難については、情報の混乱があって、何が本当なのかがわからないということもありました。避難する必要があるのかどうかも、よくわからない。必要な情報を行政が開示しなかったために、おばあちゃんのところに避難したのに、実はそこの方が線量が高かったということもありました。そこに避難した子どもたちもいたわけです。

専門知識をもった保護者の力も

保育園の職員も地震や事故の被害を被りました。ガソリンがないので保育園に来れない人もいました。園児が少なくなってたので、自宅で待機してもらったり、手が足りない時には近場の人に来てもらったり。保育園の中で「あそこのガソリンスタンドが開いている」といった情報交換もされていました。職員同士も助け合ってましたね。

保護者の中に、お医者さんなど、専門的なことのわかる方がいて、その方に情報をもらえたのも大きかったですね。事故後10日ぐらい、保育園の窓はあけずにいたんだけど、すると感染症などが出てくるわけです。でも、もう放射性物質は地面に落ちていて、事故直後みたいに飛んでないとか、風が強い日以外は窓をあけてもいいとか、そういうことを教えてくれる専門家が保護者にいて助かりました。そんな保護者が資料をつくってきてくれて、保育園としてそれ

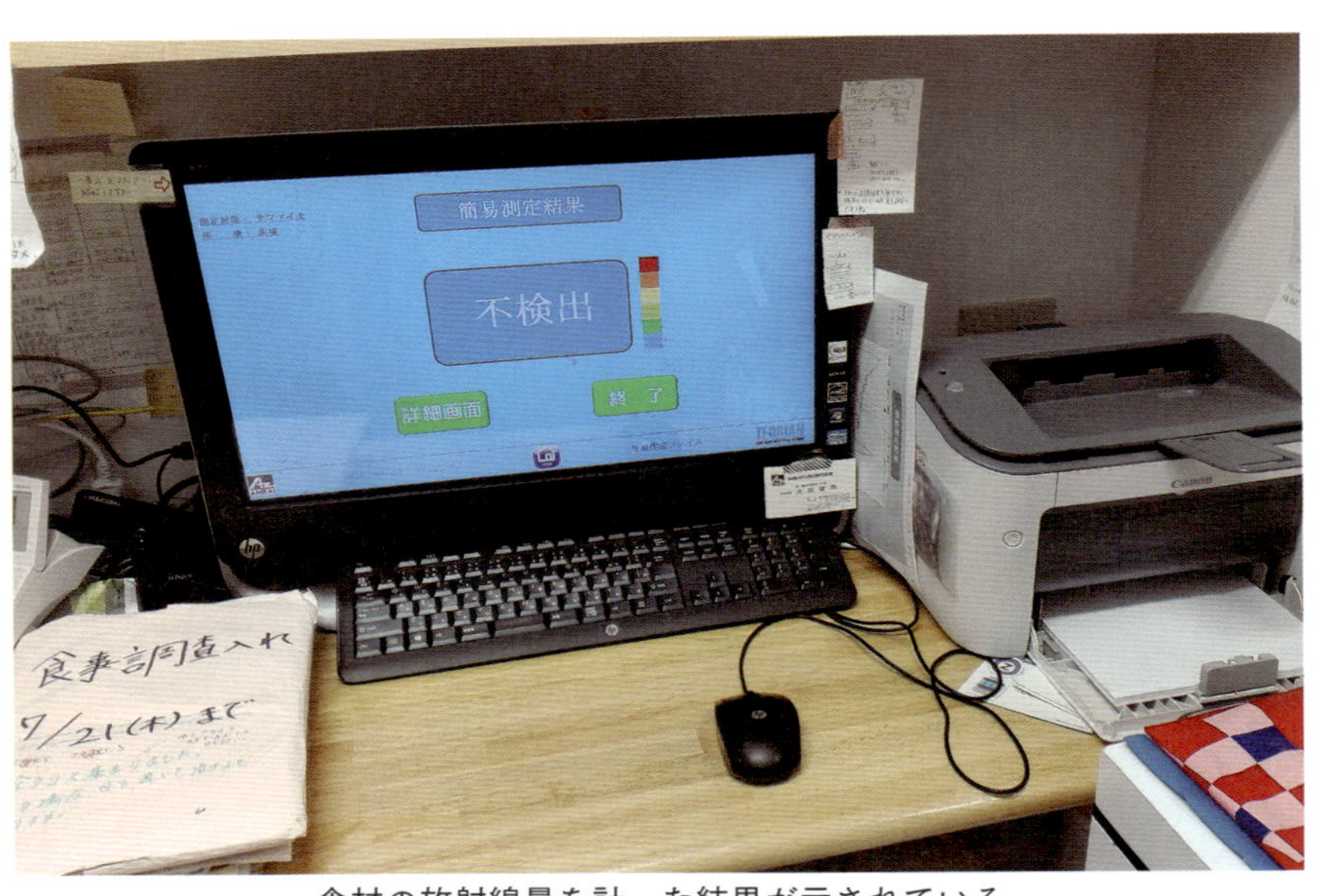

食材の放射線量を計った結果が示されている

を4月1日の入園式で配ったりもしました。もちろん、それも「一つの見解」ということではあったんですけどね。

でも、その時点では、子どもたちを外には出しませんでした。むしろ余震が怖くって。

1歳の子どもが「ホウシャノウ」と

いまは散歩の範囲が広がっていますが、まだ草むらはだめです。安心して遊べる草むらはまだないです。そういう中で生まれて、育った子どもたちですから、事故の直後は1歳児が「ホウシャノウ」と言ってました。それだけまわりで繰り返される言葉だったんですよね。4月、5月になると網戸をつけていて、出ようとすれば簡単に外に出られたんですけど、そこから飛び出す子どもはいなかったですね。まわりにそういう、外で遊んじゃダメという空気が強くあり、それに子どもたちも気づいていたようで、尋常じゃない空気だったと思います。

クラスごとの話し合いを大切に

震災後2～3年は、入園式などでプロジェクターを使って、こんな取り組みをしてきましたという報告を、保護者のみなさんにしていました。でも去年と今年はしていませんね。そこまで神経質にならなくてもよくなったのか、決して忘れているわけではないですけど。

毎月クラスの懇談会があって、山の線量はこんな感じですとか、散歩するとこれぐらいですということを懇談会で報告しています。その時に「いやだな」とおっしゃる方もいますから、山に行くのもクラスごとに違っています。そこのところは保護者のみなさんの気持ちを大事にしながら、顔を見ながら、話し合っていくしかないと思っています。

職員たちに迷いはあったが

事故直後は、職員にも迷いがありました。避難したほうがいいのかなという子育て中の職員もいました。結果としては、子育てはほんとうに大変なので、まったく知らない環境で子育てすることは避けたいと思ったことと、安斎先生のアドバイスもふくめて、職場に集まる情報が頼りになると思われたこともあって、避難した職員はいませんでした。

子どもの体力は少しずつ戻っているけど

事故前と現在の子どもの体力の違いですが、ちゃんとしたデータはありません。でも神社の石段を上るなど、体力づくりはちょっとずつ元に戻ってきてると思います。とはいえ、外遊びや山遊びはかなりセーブされてしまったので、それらの運動の差の部分だけ、この園でみると私は落ちてると思います。山のてっぺんに行って帰ってくるということは実際できなくなっていますので。一番落ちた時に比べれば回復していますが、時々以前の子どもはこの飛び方できたよなと思ったりすることはあります。

保育園ごとの連携と方針の違い

保育園同士の連携ですが、園長会などで線量地図を配ったり、最低限の情報共有はしています。ですがやはり、園によって方針のありようが違います。元々の子育ての方針や課題が違うところもあります。でも県内で、放射線の問題などを一緒に勉強しているところは、ちゃんと前に戻す感じで、山に登れるようになったよとか、いわき市のほうでも聞きますね。鮫川村の方でもやってます。園の方針の違いや問題意識の違いの他に、園ごとに保護者の意見の違いもありますし、保護者と話し合う保育士側の力の違いということもあります。

行政はもう少し柔軟な支援を

保育園への行政からの支援ですが、基本線は国が決めて、それを市が実施するという感じです。福島市の窓口の職員さんと仲良くなれば、その方も福島市の市民ですから、使える助成金はしっかりつかってほしいと言ってくれます。でも機械的な線引きを感じるところもありますね。食品の放射線測定はとても大切なことですが、測定器が、行政が指定した機種じゃないと補金が全然出ないなど、そういうところは納得できません。食べ物を刻まなくても線量が測れる機器は、今ではかなりありますが、最初は刻まないと測れない機種が指定されていました。でもそれは現場では使いづらくて。ですから今でも、近くの小学校から子どもたちが作ったキュウリや夏野菜を測定してほしいとここに持ってきたりします。

ゴムマットの除染はしてくれない

園庭の除染についても、行政の仕事には土壌のみという制限がつきます。鉄棒の下にゴムマットが埋め込まれてるんですが、それが残るんですね。そういうものは除染してもらえません。結局、子どもの施設の線量を下げたいという気持ちで作業に来るんじゃなくて、ただ機械的に決められた仕事だけをしに来てるんですよ。私たちにすれば、子どもが遊ぶ場所の一部を除染せずに、そのまま残すというのはちょっと考えられない。その場でも言いましたし、県にも市にも言いました。市の窓口の人も見には来てくれたんだけど、結局は、動かないんだとおっしゃってました。

私たちも困って、最初は水をいれたペットボトルで遮蔽するなどしていましたが、我慢できなくなって、自分たちでお金を出してやりました。今は行政も園庭のポイントを測って管理するなどしていますが、私たちとしてはもっと丁寧に測りたいと思っています。

何の制限もない保育がしたい

今一番やってみたいことは、何の制限もない暮らし、保育ですね。放射線の存在が当たり前

周辺の放射線量を計ってつくられている散歩コース

の日常になっていますので。それはもう生活の一部になっており、一生付き合っていかなきゃいけないかとも思います。天気予報みたいに今日の放射線というのが毎日テレビで出てくるし。こういう話をみんなですると、やっぱり放射線への不安など、抑えているものがあったりして、話し出すと止まらないということもあります。目の前にいる子どもたちにどういう保育をすることが、より良い保育になるのかということを、保護者と一緒に考えていくっていうのが今の状況でできる一番のことですね。

今年の5月に、本当に行けないのかなと思って、近くの草むらの線量をもう1回測定してみたんですね。でも本当に下がらないんですよ。セシウム134の半減期が2年で、2年後、4年後と半分に、さらに半分にと下がったんですが、セシウム１３７は半減期が30年ですからね。それはなかなか下がりません。草むらとか山とか、簡単じゃないんだなと実感しています。毎時０・５とか０・６マイクロシーベルトとかですかね。高くても０・２くらいになって欲しいなって思います。

子どもたちには、取り立てて放射線についての「教育」をまとめてしているわけではありません。ただ生活の中で、線量高いから草むらにいかないでねとか、草むらに行っちゃいけない理由は放射能があるからだと、子ども同士で話してたりしてます。ここでの暮らしの中で自然に身についていく、身につかざるを得ないというのが実情ですね。小学校とかでは授業で放射線の問題も取り上げていると思います。

避難して来た家族の方も

線量の高いところから避難してきた方はおられました。この保育所がある渡利地域は、飯館村の方から引越して来られる方が、結構いました。渡利地域も福島市内では比較的線量の高い地域だけれど、そちらよりは低いということで。

南相馬市からお母さんの実家に移って、ここに通っていた子もいました。そのお母さんは、あの日に爆発音を聞いたというんですよ。それを何かの拍子に思い出しちゃうと頭痛がひどくなると言われていました。南相馬に家を新築した10日後くらいだったと思います。それで事故が起こって、たくさんの借金とかいろんな問題を抱え込まざるを得なくなったご家族でした。たくさん話もしましたね。結局、２～３年後にもう戻ろうとなったときに、線量を測りなおしてみたら、意外にもここより低かったんです。そんなこともありました。ただ、帰るとなると線量の問題だけではないんですよ。ライフラインの問題があって、子どものかかる病院が近くにあるかとか、学童保育とか子どもを育てるのに必要な施設があるかとか、単純にはいかないんですね。

福島市内の待機児童が多い問題も

この保育所は新築したのが震災の半年前でした。古い保育園は木造で70人の定員でしたが、こちらは90人の定員です。それで２０１１年４月は定員割れはしませんでした。避難された方もいましたが、待機児童問題もあるので、すぐに新しい子が入ってきました。でも２０１２年4月は79名で初めて定員を割りました。すでにいた子どもたちの避難が増えることはなかったんですが、新しく入ってくる子が減りました。

市内のあちこちに線量をはかるモニタリングポストが作られて、その数字がネット上に公表されています。それを保護者は見ていて、やはり数値の低い保育園を選ぶわけですね。当然だと思いますけど、それでも半年後くらいには90人になりました。線量の低いところが一杯になったということもあったでしょうし、口コミでうちの保育園の良さを知って選んでくれた方もいました。それからは定員を割ったことはありません。いまは１０８人で定員の１２０％になっています。待機児童問題はとても深刻で、兄弟が別々の保育所に通っているという場合もあるほどです。

福島の果樹農家に起きたこと

野崎隆宏（福島市内で野崎果樹園を経営）

普段は黙々と畑仕事をしておりますので、このように大勢の前でお話するのは不慣れで、あまり得意ではありませんが、一言で原発事故災害といっても福島県のそれぞれの場所で事情は違います。福島市のある果樹農家の現場で、震災の時から今までどんなことが起きて、どのように復興してきたのかを、お話したいと思います。

励ましの言葉に感謝

当園は、さくらんぼ、桃、ブドウ、りんご、合わせて2ヘクタールを栽培する果樹専業農家です。震災前は、栽培した果物のほとんどを全国のお客様に直接販売していました。それは、宅配便の普及と共に約30年かけて口コミでコツコツとお客様を増やしてきたものです。ですから顧客の皆様は会ったことはなくても身内のような存在でした。

平成23年3月11日、午後2時46分、東日本大震災が起こります。みなさんもご存知の通り約3分間、震度6弱の揺れが続き、その後、大津波がやってくるのですが、地震直後に停電になってしまったので、津波の被害をテレビで見たのは2日後でした。その間、消防団員として、地元の壊れた瓦礫の撤去や、断水した地区の給水活動などをこなしていましたが、電気が復旧しテレビで目にした津波の光景は信じられないものでした。これは大変なことになった、何か自分にできることはないかと考えていました。

全国のお客様からは、毎日何件も心配の電話を頂き「わが家は内陸部なので津波は大丈夫です。家や畑の被害も大したことはありません」と答えると「よかったですね。今年も美味しい果物を楽しみに待っていますから、頑張ってください」と励ましの言葉を頂き、本当にありがたいことだと感謝の気持ちでいっぱいでした。

8分の1に下がった桃の単価

結果的に平成23年度は、原発事故風評被害の影響で、励ましの電話をくれた方とも音信不通になり、売上げもいつもの年の半分に落ちてしまいました。事故が起きた直後は、何の知識もなく、何もわからず毎日畑仕事をしていましたが、放射能が降ってくるとかこないとかで騒ぎになり、原発周辺の方が福島市にも避難してきて、マイクロシーベルト、ベクレルなど聞きなれない言葉が登場しました。当園では、6月初めに収穫が始まるさくらんぼの栽培をしていますが、その頃になると、直ちに健康被害を及ぼす心配はありませんが、放射線が観測されるという状況になっていました。

収穫前のさくらんぼを放射性物質検査に出すと約50ベクレルが検出されました。検出されたことはショックで「やっぱり出るんだ」というのが正直な感想でした。当時国が示していた値では、食品1キロあたり500ベクレル以下は安全とのことでしたので、ひとまず販売しても大丈

野崎さんがつくった粒の大きなぶどうをいただく

夫だと自分に言い聞かせ、お客様にやんわりと状況を説明した文集を添えてさくらんぼ販売の案内状を郵送しました。しかし、全く注文が来ません。ファクシミリの機械が壊れているのかと思うほど注文がきませんでした。

その結果、ほとんどの品物が農協経由で市場出荷となりました。農協の方針も500ベクレル以下は安全なのだから普通に販売しましょう！ということでしたが、やはりそれでは消費者に理解してもらえず、ほとんど値段が付かず、「これは大変なことになった」と実感しました。1カ月後には主力の桃が控えていたので、農協の会議などで、さくらんぼの悲惨な話をして、このままでは大変なことになると訴えましたが、桃からシーズンが始まる大半の農家の方は実感がなく、また知識も対策もなくそのまま主力の桃の収穫出荷へ突入していきました。結果は本当に悲惨なものでした。直接販売の贈答品は売れず、農協経由の市場販売は、ほとんど値段が付かない状況でした。桃の市場販売平均単価は平年の8分の1にまで下がりました。

巷では、安全と危険をめぐる話が交差して飛び交い、「農家は毒を作って売っている」とまで言われました。さすがにここまでくると、栽培する気力がなくなってきます。家族と果物作りをやめようかと話しあったりもしました。しかし、永年作物の果物は一度やめたら次の年も復活が難しくなります。どんな状況でも、植物は生育を止めることなく変化していくので毎日手入れをするしかないのです。

農家の意地

なぜあの時、頑張れたのかと考えてみると、過去にも私が就農したての頃、明日が収穫だという日に台風が直撃してほとんどのリンゴが落とされたことがありました。私はその時も呆然として、リンゴを拾う気力もなくなりましたが、両親をはじめ、近所の農家のみなさんが「いやぁやられたね、でも自然には逆らえないからな、仕方がない、参った、また来年だね」と笑いながら落ちたリンゴを拾い集める姿を見て、農家はずっと昔から自然と共存して生活し、自然の恩恵も怖さも経験してきたからこそ、自然には逆らえないし、どんな境遇に立たされても明日があると、前に進めるのだと思ったことがあったのです。

今回の原発事故は自然災害とは違いますが、農家のみなさんがあの時負けずに進んでいけたのは、そんな気持ちがあったからではないかと思います。

線量を測って値を公表

桃の収穫が終わると、事の重大さに地域の農家全体が気付き、このままではダメだと対策を考え始めました。国の安全基準を大きく下回っているのに、なぜ売れないのかを考えてみると、ただ安全、安全と言っているだけで、なんの説得力も無かったのではと思えました。その頃からいろいろな勉強会が開かれ、私も参加していきました。その中の一つに、農協が主催した農業経営塾があり、原発風評被害対策として何人かの講師の方を招き講演をしていただきました。結論はただ安全だと言っていても仕方がない、しっかり調べて正直に公表した上で安全をＰＲしなくてはいけないということでした。果実はしっかり線量を測って放射性物質の値を公表する、畑の線量もしっかり測って果物を作れる場所であると数字で証明するしかないということを学びました。

ふくしま土壌クラブ

平成24年1月に有志12名で「ふくしま土壌クラブ」を立ち上げました。まず初めに、会員全員の畑の放射線量をメッシュ状に測り線量マップを作ることにしました。農業経営塾の講師の１人にお世話になり、土壌表面の放射線量を測ることのできるラドアイという1台25万円の機械を８台実費で購入し、１万４０００カ所を計測しました。結果、いろいろなことが目に見えてわかるようになりました。放射性物質は簡単に言うとチリのようなもので、畑全体に高い所と低い所が点在する厄介なものでした。

安全を証明するためには

安全と結びつけるための方法を模索している時に、福島大学の小山良太教授の講演会を聴く機会があり、チェルノブイリ、ベラルーシ視察で学んだことは、「しっかり農地を測って地図にして農作物のセシウムの移行率に合わせた安全なものを作るしかない、だから日本に帰ってきて小国町で試験をしている」とのことでした。

私たちのやっていることと全く同じだと思い、講演会が終わってから挨拶に行き、私たちの活動を話すと「そんなに細かく測っているのですか?」とびっくりされました。この先どのようにしていいのかわからないと話すと「一緒に組んで分析しましょう!」と言われ、福島大学とプロジェクトを組んで風評被害対策を行うことになりました。

福島県果樹試験場の先生も加わり、放射線量のマップ化や果樹の移行係数予測などの結果、私たちの農地では安全な果物を作ってゆけることが、科学的に証明されました。また、果実への移行対策としての農家の表土を取る必要はないことも分かりました。初年度に果実からセシウムが検出されたのは根っこから吸ったものではなく、樹皮から移行したことも分かり、この対策として2月に福島県県北地区のすべての農家が一丸となって果樹園すべての樹木を高圧洗浄機で洗浄する作業も行われ、復興への農家の一体感も生まれました。

この勢いで全農地の線量マップ化といきたいところでしたが、農地の放射線測定には何台もの高価な測定器とたくさんの測る人と時間が必要でなかなか進みませんでした。しかし、平成24年10月、小山先生、JA新ふくしま、そして生協連が協力して土壌スクリーニング・プロジェクト事業が開始されました。お聞きしたところによると、今までに農地一筆ごとに38440枚、11万カ所、5000ヘクタールの農地を生協連からの361名のボランティアで計測されたそうです。福島市のすべての農地を測定していただきました。

測定による安全の確認はもちろんですが、県外の消費者でもある生協のボランティアの方々に福島の現状と現場を生で見て理解していただき、地元に帰って発信してもらうことが出来たことは、風評被害の払拭や相互理解に大変効果があったと思われ、心から感謝申し上げる次第です。お陰様で、福島市の農産物は科学的知見からも安全で安心だと自信を持ってＰＲすることが出来るようになりました。

9割まで売上が回復

現在の状況ですが、すべての生産者が全品種を全園地から検体を毎月提出して放射性物質モニタリング検査を行っており、その全てが１キロ当たり１００ベクレルまで低くなった国の安全基準を超えることなく、ほとんどの果実が不検出となっています。当園もこのような活動を理解していただき、原発事故風評被害の影響で半分に落ち込んだ売り上げも約９割まで回復しました。「ふくしま土壌クラブ」は、風評被害対策の勉強会や福島大学との共同研究、復興マルシェの参加を経て原点に戻り、会員みんなでより美味しい果物を作るための勉強会や研究を始めています。

震災で失ったものも多かったですが、震災後復興に向けていくつもの素晴らしい出会いがあり、みなさんに助けてもらい、もうダメだと言う状況からここまで復興することができました。

長年の信頼関係が合ったからこそ

東日本大震災から５年６カ月経って今思うことは、信頼関係は本当に大事だということです。原発事故の風評被害で売り上げは半分になってしまいましたが、逆に言えば半分の人は震災直後も私の言葉を信じて買ってくれました。それは冷静に考えると凄いことで本当にありがたいことです。長年築き上げた信頼関係があったからだと思います。

それが農業を続ける気力の原動力になったことは間違いありません。また、震災当初は買い控えていたお客様も科学的知見から安心安全を証明し、正直に報告したことによって戻ってきてくれました。残り1割の方を説得するのはなかなか厳しいことですが、それより今の状況を理解し納得してくださる方々に、さらにおいしい最高の果物を提供できるように日々努力を重ねていきたいと思います。どんなに辛い状況になっても、一生懸命頑張れば必ず明日はある！

これからもコツコツと1歩ずつ前に進んでいきたいと思います。

《Day4》を振り返って

9月8日・第4日目

石川　朝から福島市内に向かって、まずはさくら保育園へ。それから野崎果樹園におじゃまして、午後はごはんをいただきながら福島復興共同センター子どもチームのみなさんのお話をうかがった。そして福島空港へ移動して、夜7時半には大阪空港で解散と。

もっと実情に見合った支援を

仲　保育園の先生たちのお話を聞いて最初に思ったのは、どうして自治体がもっと柔軟な支援をしないのかということでした。放射線への影響は小さい子どもほど大きいし、育ち盛りの子どもたちほど、外でしっかりからだを鍛えることも必要になる。それなのに、子どもたちの散歩コースの除染をお願いしても、それは東電にお願いしてといわれたり、食品の放射線量を測定する機械については、特定機種でないと助成しないとか。どうして実情にあった支援ができないのかなと。

疋田　子どもたちは運動会の練習をしていて、とても可愛かったです。当たり前だけど、私の地元の幼稚園や保育園の子どもと変わらない。でも山に入るとか、草むらに入るとか、今も散歩コースが汚染のためにいろんな制約を受けている。生まれた時期や場所が、たまたま原発事故の被害に重なっただけで、子どもたちには何の落ち度もないわけだから、東電や行政はできるだけの努力をするべきだと思う。

景山　いま思いついたんですけど、今は「わー!!」って子どもらしく騒いでるけど、すでに放射能や放射線量というのが日常の知識になっていて、そういうのは沖縄の子に似てるのかもしれない。基地が日常になっていて、戦闘機の音やオスプレイの低周波の音を聞くだけで泣いちゃうという毎日を暮らしている子たちが県外の人と話すと、すごくギャップがあるそうです。でも、県外の人は基地について知らないし、関心を持っている人も少ない。そうすると、差別とまでは言わないけど、すごく疎外感があるという話を伺いました。事故や汚染への対応を生活の一部にして育った子どもたちが、進学や就職で県外に出て、自分たちとまったくちがう3・11後を過ごしていた人たちと会った時、「放射能ってこんなに気にしなくていいものなの?」とギャップを感じることもあるのかなと。仮にどこかの火力発電が爆発したとして、その時の子どもが、事故から10年、20年先にもその影響引き受けることはほとんどないと思うけれど、私たちが出会ったあの子たちは、好きになった誰かと結婚しようと思った時に、原発事故が「現在進行形」の問題として続くこともありうるのかな、と思いました。

小南　本当に良い子ばかりで驚きました。私は大阪の保育園にお手伝いに行ったことがあるんですけど、あんなに手を振ってくれる子たちはいなくって(笑)。見ず知らずの私たちを受け入れてくれて、たくさん笑顔を見せてくれたことがとても嬉しかったです。

景山　初めて福島を訪れたとき私は、福島のことを語れないなと思ったんですね。大阪に帰ってきてから福島で見たり、聴いたりしたことを発信しなきゃと思いながら、語ってはいけないような気になってしまったんですよ。知らない自分が数日見ただけのことを、福島でみたこととして語っちゃいけないんじゃないかなと思えて。でもこのゼミ旅行に参加して、小松さんや里見さんが、観光客として来てくれて、観光客として思ったことを語ってくれたらいいと言ってくださって、とても気が楽になりました。今回見たことは福島の一部のことで、いわきだってほんの一部しか見ていないんだけど、観光客というのはそういうもので、そこで見たものを話していいんだと思わせてもらいました。

「おいしい」の言葉を喜んでもらって

森本　野崎果樹園では、いただいたぶどうが美味しかったです。でも事故直後には、長くつきあいのあったお客さんとも連絡がとれなくなるとか、深刻な影響があったといわれていました。最初は、お客さんが半分くらいになってしまったとも。今は事故前の９割くらいまでもどったということでしたけど。

川上　私たちが美味しい、美味しいと食べていると、美味しいと言ってくれるのが本当に嬉しいと野崎さんがおっしゃってました。私はこれを苦労して育ててくれて、その上、私たちを歓迎してくれる野崎さんが目の前にいることで、ますますおいしく食べられました。この時にも、人の顔が見えることとの大切さを実感しました。

小南　私もお腹がいっぱいになるまで頂きました（笑）。野崎さんもそうですし、お会いできた方たちみなさんが「来てくれてありがとう」と言ってくださって、優しい方たちばかりで、本当に行って良かったなと思ってます。原発とか復興の問題を勉強するために行ったんですけど、行く先々でとてもよくしてもらって、一つの旅行としてもとても良い思い出になりました。

石川　お話の中に「農家は毒をつくっている」という言葉に出くわしたこともあったと。もちろん果物もしっかり検査されていて、「毒をつくる」とか「売る」なんてことはありえなかったわけだけど、そういう言葉を向けた人もいたんだね。野崎さんのところにゼミで訪れたのは3回目だったんだけど、そんな苦労に負けずにやってきた人たちに、こちらが食べてる横で話をしてくださいなんて、実にわがままなお願いをしていたね（笑）。それを嬉しいといって受け入れてくれるのはありがたいことだよ。

景山　この座談会で言わなきゃと思っていたことなんですが、野崎さんは「原発は絶対にいらないですよ。それを伝えて下さい。日常が戻せなくなる」と言っていました。日常が戻せないということは、たとえば保育所でみたように、子どもたちが遊んで、散歩して、ご飯を食べて、という当たり前のことすべてに、放射能による汚染の問題が入り込んでくるということですよね。原発事故がもたらす日常の破壊、絶対にこれを伝えなきゃと思いました。

被災者を外から型にはめないで

森本　そのあとは復興共同センターの佐藤さん、町田さん、鈴木さんとの交流の時間でした。初対面の私たちのために、大きな鍋一杯の豚汁とか、たくさんのおむすびとか、地元の食べ物とかをつくっていただいていてとてもうれしかったです。福島市内に暮らされていましたが、事故直後には小さい子どもたちのことを考えて、一度は避難されたというお話もありました。その時にお父さんと一緒に行けないことへの子どもたちの反応とか、水道から水が出ない中での生活のこととか、話していただいた体験はとてもリアルでした。

石川　息子さんに「オレたちはかわいそうじゃないって伝えてほしい」といわれてきたというお話もあったね。周りから納得できない見方を強要される不本意な、あるいは不愉快な体験があったんだろうね。その点は、佐藤さんも強調していた。つらく悲しい被災者とか、復興にむけてがんばる被災者とか、ある種のステレオタイプでとらえられることがイライラの種になると。同じことは、小松さんや里見さんも言ってたように思う。里見さんは、マシーンでもない、闘士でもない、趣味もあれば悩みもある当たり前の人間なんだと。それだけ自分たちが他人から、どうとらえられるかという点で、ストレスを感じる機会が多いということだよね。

村上　印象的だったのは結婚のお話です。息子さんや娘さんが将来結婚したくなったときに、小さいとき福島で被災したという事実が影響しないかどうか心配というお話でした。お母さんたちの口から直接その言葉を聞いた時に、ああ、そうやってこれからも見えない問題とたたかっていかなきゃいけないんだな、ということを初めて実感した気がしました。

景山　佐藤さんが「福島のことに無関心な人じゃなくて、関心のある人が福島を上書き更新してくれない」っていう言い方をしていましたね。「福島で子育てすることは無知なことだ」と

「ふくしま復興共同センター」子どもチームのみなさんの手づくりごはんをいただきながら

か「ここで育児するのは児童虐待だ」とか、原発の問題にとても関心をもっている人が投げかけてくるそういう言葉に「すごくつらい」と。事故が起きたときから、毎日時計の針が進んで、現実にもいろんな変化が起こっている。だけど原発事故が起きたというインパクトがすごく強烈だったから、原発に関心がある人の中には、そこで時間が止まってしまってる人がいる。そういう理解で福島でのいろんなことを評価するのはやめてほしいということですよね。変わっていって改善されるものと、変わらない大変さと、あるいは時間が進むからどんどん大変になっていくこともあるかも知れない。そういう現実の全体をつかまえる必要があるということですよね。このゼミが毎年福島に行くっていうのは、そういう変化に観光客としてではあっても触れて、それをちゃんと発信していくというところに大きな意味があるのかも知れないと、お母さんたちの話を通して思いました。

小南　ゼミの先輩が毎年福島に行ってましたから、最初はどうして毎年行くのだろうと思ってました。でも実際に行ってみて思ったことは、教室で勉強できることの多くは過去の情報で、それが変わっていってるっていうことでした。だから毎年それらをちゃんと確かめに行っているんだと。百聞は一見にしかず、ですね。またいつか行きたいと思っています。私は福島で実際に見て感じたこと、そこに住む方たちから直接聞いたことだけを伝えていけるようにしたいなと思っています。

いろんな実感、いろんな気づき――座談会のまとめかえて

石川　じゃあ、最後に、４日間の旅行全体をふりかえっての感想を。

森本　ゼミでいろんなことを知識として学んでたけど、福島に行く前には少し不安もありました。「本当のところはどうなのかな」と。でも、実際に行ってみて、食べ物なんかはむしろ大阪とか兵庫の方が線量なんて正確にわからないじゃないと思ったり、福島はもっと暗い空気がただよっているのかと思ってましたが、たいへんなところもたくさんあるけど、笑顔や活気にあふれたところもあって、復興とか、新しい町づくりに取り組んでいる人もたくさんいて、そういう人に会えたのがとても良かったと思っています。

岡田　福島のごはんは、ほんまにおいしかったです。旅行に行く前には、家族から食べ物に気をつけるように言われて、うまく反論というか、説明できなくて悔しかったんですけど、いまは食材を作って、検査している人への信頼を含めて話ができるような気がします。あと、あれだけの震災と事故でしたから、もっとしんどい、重たい話が多いのかなって思ってましたが、人々の対立とか、家にもどれないとか、重たい話はもちろんあるですけど、それだけじゃなく、前に進もうというエネルギーみたいなものも感じて、それは私には大きな発見でした。

小南　一番強く思ったのは、「福島」を一括りで考えてはいけないなということです。みんなそ

れぞれ全然違う場所や環境にいて、一人ひとり違う生活をしている。それを一括りにして「被災者」としてまとめてしまうのはやめるべきだと思いました。行く前は、犠牲者何人、避難者何人、関連死何人っていう数字を見ても「大変だなあ」とぼんやりとした思いしか持てなかったんですが、実際に福島に行くことで、それぞれの人にいろんな思いがあって、状況も違っていて、それは数字だけではわからないことだし、その数字の向こうに人があって、人と人との繋がりがあって、そんなところまで見ないといけないんだなと思いました。

仲　私も、行く前はどれだけ知識をつめこんでも、やっぱり実感がなくて、どこか福島や被災地を遠い存在として感じるところがありました。でも実際に足を運んでみると、自分で見た景色とか、食べたものとか、食べる時の気持とか、人と会って感情をぶつけられたり、すごい情熱をもった人に出会ったりとか、そういう風に自分のからだで感じられることが、とても大きかったと思ってます。それをちゃんと自分の言葉で人に伝えられるようにしたいと思いました。

川上　私も同じですね。旅行の日程もきつくて、ほんとに大丈夫かなって感じやったんですけど、実際に行ってみて、その場で思いを込めて話してくれる人に会うと、これは他人事じゃない、他人事だと思っていていいことじゃないと思えてきて。そういう気づきがあった旅だったなって思っています。

疋田　やっぱり行く前は、暗いイメージだけでとらえてました。それが違うとわかったのはみんなと同じように、嬉しいことでした。それから、時間の経過でどんどん被災地は変わっていることもわかりましたし、それによって抱えている問題も変わってくるというふうにも思いました。生活を立てなおすのにはお金が必要で、それは大切な問題だけど、それだけでなく人と人のつながりとか、支えあう関係を大きくすることの大切さを感じました。

小才度　私にとっても福島は遠い場所で、原発による被災も遠い場所での出来事でした。行ってみて思ったことの一つは、事故から5年半たって汚染の度合いが下がっているのは確かだけれど、もう一方で、まだ被災とのたたかいは続いていて、問題はたくさんあって解決してないこと、避難生活が長引くことで、つらさが増しているところもあるということでした。そう遠くないうちに南海トラフの大地震もあるわけで、地震も津波も原発事故も、まったく人ごとではないという気持が強くなりました。私の中ではすごく大きな意味のある旅行だったと思います。

村上　４日間、キツキツの日程の中でいろんな立場の方から意見をうかがいました。震災前のように、園児たちが外でのびのびと育つことができるようにと取り組んでいるさくら保育園の先生方。同じような事故を起こさないように訴え続ける早川和尚さんや伊東さん、菅家さん。大変さだけでなく、楽しさも通して福島の今を伝えているバイタリティあふれる小松さん。以前とは違うやり方で旅館を続けていくという里見さん。農地だったところにソーラーパネルを置きながら、農業の再建に取り組んでいる三浦さん。長く仮設住宅に暮らし、復興や被災者の支援に努力されている渡辺さん。ほんとにみなさんそれぞれの形でいろんな努力をされていて。旅行の前は、この本をつくるためにも何か一つ自分の中で結論みたいなものを出さなきゃいけないと思っていたんですが、行ってみて、それは違うなと思いました。無駄に悲観的にではなく、変に楽観的にでもなく、事実を事実として捉えて伝えていくことが、被災地を見てそれぞれのお話を聞いてきた私たちの役割じゃないのかなと感じています。

景山　振り返って気づかされたのは、原発事故についての私の情報に「時間」のバイアスがかかっていたということです。原発の事故が起きたときに、原発とは何なのかとか、放射能汚染の問題を調べたわけですが、その時に仕入れた情報で、私にも時間が止まっていたところがあるんですよね。食品汚染のこともそうで、情報が更新されなかったための歪みみたいなものを、今回のゼミ旅行で自覚しました。時間がたって、福島で出会った人たちはちゃんと前に進んでるのに、自分はどちらかというと五年前のままで止まっていた。また除染のイメージも激変しました。除染って、放射能汚染されたものをどっかに移すっていうだけで、問題の根本解決になってないと思ってたけど、保育所で放射能汚染を低くする方法として上から砂をかぶせる、それで線量が抑えられるっていうのは、自分が放射能に抱いていた恐怖感とか不安に対しての対処法としてあまりにも原始的過ぎて信じられなかったんですが、実際にそれで遮蔽率がすごく上がることがわかりました。それも自分の情報の歪みが現地に行ったおかげで補正されたっていう、とてもありがたい経験でした。後はほんとに線引きがすごい。加害者である電力会社がスケジュールを引くとか、地域区分をするとか、この業務は賠償するけど、こっちの業務は賠償しませんっていう線引きとか、なんかそれは生活者がどうなのかっていうのを置き去りにした線引きで、事故のあとにもう1回そこに生きる人たちを痛めつけてるっていうことも、行ってみてこれはひどいって再認識したことです。

石川　ぼくは、2013年から毎年学生といっしょに福島に行っているけど、今回も初めて知ることがたくさんあって、それからたくさんの新しい出会いがあった。毎年3泊4日だけだから、見聞きすることのできる範囲は知れてるんだけど、それでも「原発事故の被災者は」とか「福島は」っていう抽象的な、一括りの主語じゃなくて、「あそこに住んでるあの人は」とか「そんな体験をしたその人は」というふうに、問題をより具体的にとらえる手がかりを、またたくさんもらえたかなと。被災地の実情を知りたい、自分たちに何ができるかを考えたいと思って、毎年行くようになったんだけど、振り返ってみると、被災地を知ることを通じて、日本の社会とかこの社会に暮らす人のあり様とか、もっと大きな広がりもった問題を突き付けられているような気がしてる。

それから、みんなが福島で感じて、考えたことを、こうやって言葉にして確認している様子を見ていて、４日間の旅行が今年もいろんな実りをみんなの中に生み出したんだなと実感できて嬉しかった。ゼミ生にもいろんな人がいて、同じものを見て違った受け止めをするのは当たり前のことで、みんなにはそれぞれなりの実感や問題整理を大事にしてほしいと思う。こんなハードな学習旅行の機会は、もうみんなにはないかも知れないけれど、各地の原発や被災地の復興に関する新しい情報に出くわす機会は今後もあるわけで、その情報の意味を考える時には、今回、見たり聞いたり、感じて考えたことがいい入口になってくれると思う。じゃあ、今日はここまでにしよう。長い時間、おつかれさま。

………………………………………

座談会は２０１６年11月15日（火）に、神戸女学院大学ジュリア・ダッドレー館の演習室３１０号で行ないました。いつものゼミは1時20分からですが、就職活動の都合により、座談会は４時半からのスタートとなりました。旅行に同行してくれた景山佳代子先生の他、「ゼミの本を読みました。「見学させて下さい」と言われる神戸学院大学の金益見先生も飛び入りで同席。終了の目標は7時としていましたが、実際には9時となったのでした。座談会の内容は4日間の行程ごとに振り分けて配置しました。

福島はウルトラ・シリーズで有名な円谷栄二の出身県でもある（福島空港で）

【著者紹介】

神戸女学院大学石川康宏ゼミナール

神戸女学院大学文学部総合文化学科に所属。東日本大震災と原発事故をきっかけに、2012年から原発・エネルギー問題をゼミのテーマとする。2013年より毎年福島の被災地を訪れており、関係の書物として、これまでに『女子大生のゲンパツ勉強会』(2014年、新日本出版社)、『女子大生 原発被災地ふくしまを行く』(2014年、かもがわ出版)、『21才が見たフクシマとヒロシマ』(2015年、新日本出版社)を出版。ゼミは3・4年生の2年間だが、福島訪問は毎年3年生の「夏休み」に行っている。

被災地福島の今を訪れて　見て、聞いて、考えて、伝える

2017年9月20日　初版第1刷発行

著　者　神戸女学院大学石川康宏ゼミナール
発行者　坂手崇保
発行所　日本機関紙出版センター
〒553-0006　大阪市福島区吉野3-2-35
TEL 06-6465-1254　FAX 06-6465-1255
http://kikanshi-book.com/
hon@nike.eonet.ne.jp
編集　丸尾忠義
本文組版　Third
印刷製本　シナノパブリッシングプレス

ISBN978-4-88900-950-7